西瓜、甜瓜规范化栽培技术图谱

李晓慧　赵卫星　程志强　主编

河南科学技术出版社
· 郑州 ·

图书在版编目（CIP）数据

西瓜、甜瓜规范化栽培技术图谱/李晓慧，赵卫星，程志强主编. —郑州：河南科学技术出版社，2021.1

ISBN 978-7-5725-0236-1

Ⅰ.①西… Ⅱ.①李… ②李… ③程… Ⅲ.①西瓜—瓜果园艺—图谱②甜瓜—瓜果园艺—图谱 Ⅳ.①S65-64

中国版本图书馆CIP数据核字（2020）第246546号

出版发行：河南科学技术出版社
地址：郑州市郑东新区祥盛街27号　　邮编：450016
电话：（0371）65737028　65788613
网址：www.hnstp.cn
策划编辑：陈　艳　陈淑芹　编辑信箱：hnstpnys@126.com
责任编辑：陈　艳
责任校对：司丽艳
装帧设计：张德琛
责任印制：朱　飞
印　　刷：河南博雅彩印有限公司
经　　销：全国新华书店
开　　本：890 mm × 1 240 mm　1/32　印张：5.5　字数：180千字
版　　次：2021年1月第1版　2021年1月第1次印刷
定　　价：25.00元

本书编者名单

主　　编：李晓慧　赵卫星　程志强

副 主 编：康利允　高宁宁　常高正　李　海

编写人员：徐小利　梁　慎　李海伦　王慧颖　朱迎春
范君龙　胡永辉　张国建　张彦淑　刘俊华
弓增志　王洪庆　李敬勋　赵跃锋　张雪平
刘喜存　董彦琪　师晓丹　王强雨

前言

西瓜、甜瓜在我国果蔬生产和消费中占据重要地位，根据联合国粮食及农业组织（FAO）统计，2017年全国西瓜、甜瓜栽培面积分别为185万 hm^2、49万 hm^2，西瓜、甜瓜是我国部分地区种植业调整、农民增产致富的重要作物。近年来，我国西瓜、甜瓜产业获得了长足发展，但生产中农民“增产不增收”、产业“大而不强”等问题日益凸显，在不同程度上影响了种植者的积极性，制约着西瓜、甜瓜产业的可持续发展。

2017年中央一号文件指出，要促进蔬菜瓜果等产业的提档升级。在国家西甜瓜产业技术体系、河南省“四优四化”科技支撑行动计划、河南省财政专项等项目支持下，编者针对当前西瓜、甜瓜栽培生产中出现的问题，就品种选择、育苗、田间管理操作规范、病虫害防控及栽培中各关键环节进行了梳理、汇编，采用图文并茂的形式逐一介绍，着力展示以安全高效为目标的西瓜、甜瓜规范栽培技术。本书的出版有利于推进西瓜、甜瓜生产方式的转型升级，全面提升西瓜、甜瓜品质和栽培技术水平，加快科技兴农，助推农民增产增收。

本书收录了目前生产中常见的西瓜、甜瓜品种，收录了不同熟性、不同类型的西瓜、甜瓜品种48个，围绕“高效种植、规范操作”的原则，详细介绍了西瓜、甜瓜的品种、集约化育苗技术规程与操作规范、高效栽培技术规程与操作规范、病虫害绿色防控技术规程与操作规范，以及栽培过程中的常见问题与分析，同时配以大量彩色图片，使各关键技术环节更加直观、易懂，增强了各项技术的实用性、操作性。本书适合广大农业技术人员、种植户参考使用，也可供农林院校学生阅读参考。

由于我国地域辽阔，各地生产情况、环境条件有较大差异，建议读者在应用本书中的具体技术规程时结合当地实际情况先进行试验示范再推广，切忌机械地照搬。

本书在编写过程中得到河南省各科研院所和农业推广人员的大力支持，在此表示衷心感谢；编写过程中参阅和引用了一些研究资料，在此向有关作者表示感谢。由于编者水平有限，书中若有疏漏之处，敬请专家和读者批评指正。

编　者

2020年4月

目录

一、优良品种

（一）西瓜

1. 早熟西瓜

（1）天骄：由河南省农业科学院园艺研究所选育（图 1–1）。

图 1–1　天骄

特征特性：全生育期约94 d，果实发育期28 d。植株长势旺，根系发达，分枝性中等，节间中长，易坐果。主蔓长310 cm，茎粗0.9 cm；叶色绿，掌状深裂，第一雌花节位第6节，雌花间隔6节。果实圆形，果型指数1.0，果皮浅绿色底上覆墨绿色条带，果皮厚1.0 cm，单瓜重5.0 ~ 6.0 kg。果肉大红，质脆多汁。

适应地区：河南省及周边省份保护地栽培。

（2）天骄 3 号：由河南省农业科学院园艺研究所选育（图 1–2）。

图 1–2　天骄 3 号

特征特性：全生育期97 d，果实发育期28 d左右，第一雌花节位第7节，雌花间隔7节。植株生长健壮，易坐果。果实圆形，纵径23.5 cm，横径22.5 cm，果型指数1.0。果实花皮，果皮厚1.0 cm，果皮脆，果皮深绿色覆窄墨绿色条带，较耐贮运。果肉颜色红，肉质脆，无空心，最大单瓜重7.5 kg，平均单瓜重5.2 kg。

适应地区：河南省及周边省份保护地栽培。

（3）早佳（84–24）：由新疆农业科学院园艺作物研究所、新疆维吾尔自治区葡萄瓜果研究所选育（图 1–3）。

图1–3 早佳（84–24）

特征特性：全生育期80～90 d，果实发育期35 d左右。果实高圆形，果皮绿色，墨绿色条带、宽、中空，有果粉，皮较薄、脆，单瓜重一般在3.0～4.0 kg，在土壤肥力好的土壤上种植，单瓜重可达到5.0～8.0 kg。果肉深粉红色，质地酥脆爽口，入口即化，品质优，口感佳。中心可溶性固形物12.0%。

适应地区：河南省及周边省份保护地栽培。

（4）开优红秀：由开封市农林科学研究院选育（图 1–4）。

特征特性：全生育期96 d左右，果实发育期28 d左右。第一雌花节位第6节，雌花间隔8节。较易坐果，长势中等。果实圆形，纵径16.3 cm，横径16.1 cm，果皮厚度1.0 cm。绿色皮覆墨绿色狭齿带，果肉红色，肉质脆。果实耐贮运性中等。中心可溶性固形物含量11.8%，单瓜重可达到5.2～8.0 kg，亩产4 600 kg左右。

图1–4 开优红秀

适应地区：河南省及周边省份保护地栽培。

（5）开美一号：由开封市农林科学研究院选育（图1–5）。

特征特性：全生育期98 d左右，果实发育期28 d左右。第一雌花节位第6节，雌花间隔6节。较易坐果，长势中等。果实圆形，纵径18.3 cm，横径18.1 cm，果皮厚度1.0 cm。绿色皮覆墨绿色齿带，果肉红色，肉质脆。果实耐贮运性中等。中心可溶性固形物含量12.2%，单瓜重可达到5.0～8.0 kg，亩产量4 600 kg左右。

适应地区：河南省及周边省份保护地栽培。

图1-5　开美一号

（6）菊城20早：由开封市农林科学研究院选育（图1-6）。

图1-6　菊城20早

特征特性：全生育期96 d，果实发育期28 d。第一雌花位于主蔓第7节，间隔6节；长势稳健，分枝性中等；果实圆形，果型指数1.1。果皮绿色上覆墨绿色锯齿条，表面光滑，外形美观，皮厚1.1 cm。果肉红色，瓤质脆，纤维少；平均单瓜重4.0～5.0 kg，中心可溶性固形物含量11.2%，亩产3 800 kg左右。

适应地区：河南省及周边省份保护地栽培。

（7）开抗早梦龙：由开封市农林科学研究院选育（图 1–7）。

特征特性：全生育期96 d，果实发育期28 d。长势稳健，分枝性中等。第一雌花位于主蔓第7节， 雌花间隔7节。果实椭圆形，果型指数1.27，果皮绿色上覆墨绿色锯齿条，表面光滑，皮厚1.0 cm；果肉红色，瓤质脆，纤维少；平均单瓜重4.0~5.0 kg。中心可溶性固形物含量11.0%，亩产3 500 kg左右。

适应地区：河南省及周边省份保护地栽培。

图 1–7　开抗早梦龙

（8）开抗早花红：由开封市农林科学研究院选育（图 1–8）。

特征特性：全生育期96 d，果实发育期28 d。长势稳健，分枝性中等。第一雌花位于主蔓第7节，雌花间隔6节。果实椭圆形，果型指数1.39，果皮绿色上覆墨绿色锯齿条，表面光滑，皮厚1.0 cm；果肉红色，瓤质脆，纤维少；平均单瓜重4.0~5.0 kg。中心可溶性固形物含量10.8 %，亩产3 500 kg左右。

适应地区：河南省及周边省份保护地栽培。

图1-8　开抗旱花红

（9）开优绿宝：由开封市农林科学研究院选育（图 1-9）。

特征特性：全生育期95 d，果实发育期28 d。第一雌花位于主茎第5～8节，间隔6节。田间植株表现为易坐果，最大单瓜重5.0～7.0 kg。果实椭圆形，果皮绿色覆绿色网条，果皮硬，耐贮运。果肉红色，肉质松脆，无空心，果皮厚1.3 cm。中心可溶性固形物含量11.2 %，亩产3 500 kg左右。

适应地区：河南省及周边省份保护地栽培。

图1-9　开优绿宝

（10）菊城绿之美：由开封市农林科学研究院选育（图 1–10）。

特征特性：全生育期97 d左右，果实发育期29 d左右，第一雌花位于主蔓第7～8节，雌花间隔7节。易坐果。果型指数1.4，皮厚1.1 cm，果实椭圆形。果皮青绿色有细网纹，表面光滑，外形美观，果肉红色，瓤质脆，纤维少，口感好。中心可溶性固形物含量11.9 %，平均单瓜重6.0～7.0 kg，亩产4 000 kg左右。

适应地区：河南省及周边省份保护地栽培。

图 1–10　菊城绿之美

2. 小果型西瓜

（1）斯维特：河南省农业科学院园艺研究所选育（图1–11）。

特征特性：全生育期80～85 d，果实发育期26 d左右，第一雌花位于主蔓第6～7节，雌花间隔3～4节，易坐果。植株长势强，果实椭圆形，果皮绿色上覆锯齿状窄条带，外形美观。果肉红色，肉质脆嫩，口感好，中心可溶性固形物含量高，可达13.0%以上。平均单瓜重2.0～3.0 kg，亩产2 500～3 000 kg，

图 1–11　斯维特

较耐裂果。

适应地区：河南省及周边省份保护地栽培。

（2）黄蜜隆：河南省农业科学院园艺研究所、开封市农林科学研究院选育（图1-12）。

图1-12　黄蜜隆

特征特性：全生育期88 d左右，果实发育期29 d左右。植株生长势中，分枝中，叶色浓绿，缺刻深，易坐果。第一雌花出现在第6～8节，雌花间隔5～6节。果实高圆形，果型指数1.1～1.2，青网纹，果肉黄色，肉质硬脆。最大单瓜重2.1 kg，亩产2 500～3 000 kg。

适应地区：河南省及周边省份保护地栽培。

（3）金冠隆：河南省农业科学院园艺研究所选育（图1-13）。

特征特性：全生育期88 d左右，果实发育期28 d左右。植株长势中等，分枝中等，叶色浓绿，叶柄、叶脉金黄色，易坐果。第一雌花出现在第5～7节，雌花间隔4～5节。果实圆形，果型指数0.9～1.1，果皮黄色覆金黄色条带，果肉红色。最大单瓜重1.7 kg，亩产2 500～3 000 kg。

适应地区：河南省及周边省份保护地栽培。

图1-13　金冠隆

（4）京颖：北京市农林科学院蔬菜研究中心、北京京研益农科技发展中心、北京京域威尔农业科技有限公司选育（图1–14）。

图1-14　京颖

特征特性：全生育期90 d左右，果实发育期33 d。植株生长势中等，第一雌花平均节位7.7节。单瓜重量1.62 kg，果实椭圆形，果型指数1.22，果皮绿色，覆细齿条，蜡粉轻，皮厚0.6 cm，较脆。果肉红色，中心可溶性固形物含量12.0%，平均单瓜重2.0 ~ 3.0 kg，亩产2 500 ~ 3 000 kg。

适应地区：河南省及周边省份保护地栽培。

（5）菊城红玲：开封市农林科学研究院选育（图1–15）。

特征特性：全生育期80 d左右，果实发育期25 d左右，平均坐果节位第6节，雌花间隔6节。果实椭圆形，果型指数1.2，果皮绿色覆深绿色细齿条，果皮厚度0.7 cm，果皮韧。果实表面有蜡粉。果肉粉红色，肉质脆沙，无空心，中心可溶性固形物含量13.2%，平均单瓜重3.2 kg，平均亩产3 100 kg。

适应地区：河南省及周边省份保护地栽培。

图1-15　菊城红玲

（6）菊城惠玲：开封市农林科学研究院、河南省农业科学院园艺研究所共同选育（图1–16）。

特征特性：全生育期 86 d左右，果实发育期 25 d左右。植株长势中等，分枝中等，叶色浓绿，缺刻深，易坐果。第一雌花出现在第6～8节，雌花间隔5～6节。果实高圆形，果型指数1.1～1.2，墨绿色齿条，果肉红色，肉质硬脆。最大单瓜重 2.1 kg，亩产3 100 kg左右。

适应地区：河南省及周边省份保护地栽培。

图1–16　菊城惠玲

3. 中晚熟西瓜

（1）玉宝：河南省农业科学院园艺研究所选育（图1–17）。

特征特性：全生育期105 d，果实发育期32 d，第一雌花节位第7节，雌花间隔7节。植株生长健壮,易坐果。果实椭圆形，果型指数1.35。果实青皮，果面光滑。果皮厚1.2 cm，较耐贮运，果肉红色，中心可溶性固形物含量11.6%，质脆多汁。最大单瓜重8.4 kg，平均单瓜重5.6 kg，亩产4 000 kg左右。

图1–17　玉宝

适应地区：河南省及周边省份露地、小拱棚栽培。

（2）圣达尔：河南省农

业科学院园艺研究所选育（图1–18）。

特征特性：全生育期108 d左右，果实发育期33 ~ 38 d，第一雌花节位第6 ~ 7节，雌花间隔7节。植株分枝性中等偏强。果实椭圆形，果型指数1.3，果皮黑色，果面光滑，皮厚1.3 cm，果皮硬，较耐贮运，果肉红色，肉质脆沙，果实中心可溶性固形物含量11.8%，平均单瓜重约6.2 kg。亩产4 500 kg左右。

适应地区：河南省及周边省份露地及小拱棚栽培。

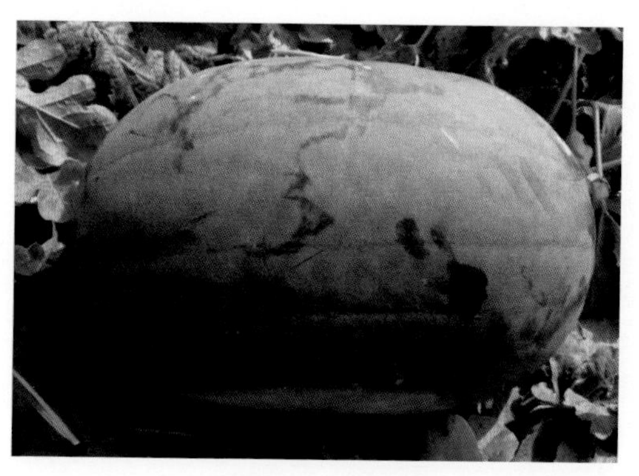

图1–18　圣达尔

（3）凯旋：河南省农业科学院园艺研究所选育（图 1–19）。

特征特性：全生育期105 d左右，果实发育期33 d左右，第一雌花节位第8节，雌花间隔6 ~ 7节。植株分枝性中等偏强。果实椭圆形，果型指数1.4，果皮浅绿色覆墨绿色条带，果面光滑，果皮厚1.1 cm，韧性大，耐贮运，果肉红色。中心可溶性固形物含量12.4%，单瓜重7.5 kg左右，亩产4 000 kg左右。

适应地区：河南省、广西壮族自治区及周边省份露地和小拱棚栽培。

图1–19　凯旋

（4）凯旋 2 号：河南省农业科学院园艺研究所选育（图 1–20）。

特征特性：全生育期103 ~ 105 d，果实发育期31 d。植株长势稳健，分枝性中等。主蔓长340 cm，主茎粗0.8 cm，第一雌花着生节位第8节，雌花间隔7节，果实椭圆形，果型指数1.35，果皮绿色上覆墨绿色锯齿条，表面光滑，果皮厚1.3 cm，平均单瓜重5.0 ~ 6.0 kg，中心可溶性固形物含量12.5%，亩产4 000 kg左右。果肉红色，口感好。

适应地区：河南省及周边省份保护地栽培及露地栽培。

图 1–20　凯旋 2 号

（5）凯旋6号：河南省农业科学院园艺研究所选育（图1–21）。

特征特性：全生育期103 ~ 105 d，果实发育期约32 d，第一雌花节位第6节，雌花间隔7节。植株生长健壮，分枝性强，易坐果。果实椭圆形，墨绿色果皮覆黑色条带，果皮厚1.1 cm，果肉红色，肉质脆。果皮硬，耐贮运。单瓜重8.0 ~ 10.0 kg，亩产可达4 500 kg以上。

适应地区：河南省及周边省份保护地栽培及露地栽培。

图 1–21　凯旋 6 号

（6）开抗三号：开封市农林科学研究院选育（图1-22）。

特征特性：全生育期104 d，果实发育期32 d。第一雌花着生节位第8节，雌花间隔7节。植株长势稳健，分枝性强。果实椭圆形，果型指数1.3，果皮韧，耐贮运。果皮灰绿色覆隐锯齿条带，平均单瓜重6.0 kg，果皮厚1.2 cm；果肉红色，质脆多汁。中心可溶性固形物含量11.6%，亩产4 500 kg左右。

适应地区：河南省及周边省份露地和小拱棚栽培。

图1-22　开抗三号

（7）开抗久优：开封市农林科学研究院选育（图1-23）。

特征特性：全生育期100 d左右。果实发育期32 d，植株长势稳健，分枝性中等。第一雌花位于主蔓第6节，间隔8节。果实椭圆形，果型指数1.30，果皮绿色覆墨绿色锯齿条，表面光滑，外形美观，果皮厚1.1 cm。果肉红色，酥脆多汁，纤维少，口感好。中心可溶性固形物含量11.6 %，边部可溶性固形物含量8.6%。平均单瓜重7.0～8.0 kg，亩产5 000 kg左右。

适应地区：河南省及周边省份露地和小拱棚栽培。

图1-23　开抗久优

（8）菊城龙旋风：开封市农林科学研究院选育（图1–24）。

特征特性：全生育期100 d，果实发育期30 d。第一雌花节位8节，雌花间隔7节。植株长势稳健，分枝性强。果实椭圆形，果型指数1.3，果皮韧，耐贮运。果皮灰绿色覆隐锯齿条带，平均单瓜重7.0～8.0 kg，果皮厚1.12 cm。果肉红色，质脆多汁。中心可溶性固形物含量12.1%，边部可溶性固形物含量10.1%。亩产4 500 kg左右。

适应地区：河南省及周边省份露地和小拱棚栽培。

图1–24　菊城龙旋风

（二）甜瓜

1.厚皮甜瓜

（1）将军玉：河南省农业科学院园艺研究所选育（图1–25）。

图1–25　将军玉

特征特性：属早熟厚皮甜瓜杂交种。全生育期103～108 d，植株长势强，易坐果，果实发育期30～35 d，果实圆形，外果皮白色，成熟后果面乳白不变色，外观漂亮，不落蒂。果肉白色，种腔小，果肉厚3.5 ~ 4.5 cm，中心可溶性固形物含量16.0% ~ 20.0%，肉质软香可口，品质优良，平均单瓜重1.5 ~ 2.5 kg，丰产性好。果实商品性好，耐贮运。

适应地区：河南省及周边省份温室、大棚等保护地栽培。

（2）钱隆蜜：河南省农业科学院园艺研究所选育（图1–26）。

图1–26　钱隆蜜

特征特性：属早熟厚皮甜瓜杂交种，全生育期105 d左右，果实发育期28 ~ 32 d。果实短椭圆形，果皮白色，果实转色、糖分积累快，外观漂亮。果个儿中等偏小，平均单瓜重0.55 ~ 1.65 kg。果肉厚2.5 ~ 3.2 cm，果肉白色，中心可溶性固形物含量高，达16.0% ~ 18.0%，品质优良。果实成熟后不落蒂、不变色，商品性好，耐贮运。

适应地区：河南省及周边省份温室、大棚等保护地栽培。

（3）锦绣脆玉：河南省农业科学院园艺研究所、开封市农林科学研究院选育（图1–27）。

图1–27　锦绣脆玉

特征特性：属早熟厚皮甜瓜杂交种，全生育期104 d左右，果实发育期28 ~ 33 d，早熟性好。果实椭圆形，果皮白色，果面起棱，外观漂亮。果个儿中等，平均单瓜重1.45 ~ 1.85 kg。果肉厚3.5 ~ 3.8 cm，果肉浅橙色，中心可溶性固形物含量16.5%左右，肉质细脆、品质优良。果实成熟后不落蒂，商品性好，耐贮运。

适应地区：河南省及周边省份温室、大棚等保护地栽培。

（4）玉锦脆：河南省农业科学院园艺研究所选育（图1-28）。

图1-28　玉锦脆

特征特性：属早熟厚皮甜瓜新品种，全生育期103 d左右，果实发育期27～32 d，早熟性好。果实椭圆形，果皮白色，成熟后果皮外面覆黄色果晕，并随着果实成熟度的增加果晕颜色加重，外观漂亮，故命名“玉锦脆”。果个儿中等，平均单瓜重1.1～1.5 kg。果肉厚2.8～3.5 cm，中心可溶性固形物含量16.0%以上，果肉白色，肉质细腻酥脆，口感好。果实成熟后不落蒂，商品性好，耐贮运。

适应地区：河南省及周边省份温室、大棚等保护地栽培。

（5）玉锦脆8号：河南省农业科学院园艺研究所选育（图1-29）。

特征特性：属早熟厚皮甜瓜新品种，全生育期104 d左右，果实发育期28～32 d，早熟性好。果实椭圆形，果皮白色，成熟后果皮外面覆黄色果晕。果个儿中等，平均单瓜重1.2～1.6 kg。果肉厚2.7～3.6 cm，中心可溶性固形物含量17.0%左右，果肉白色，肉质细腻酥脆，口感好。果实成熟后不落蒂，商品性好，耐贮运。

图1-29　玉锦脆8号

适应地区：河南省及周边省份温室、大棚等保护地栽培。

（6）瑞雪19：河南省农业科学院园艺研究所选育（图1-30）。

图1-30 瑞雪19

特征特性：属早熟厚皮甜瓜新品种，果实发育期30～35 d。果实椭圆形，果皮白色，外观漂亮。果个儿大，膨瓜速度快，平均单瓜重1.0～2.1 kg，丰产性好。果肉厚3.3～4.3 cm，果肉白色，中心可溶性固形物含量16.5%左右，肉质细软，品质优良。果实成熟后不落蒂，商品性好，耐贮运。

适应地区：河南省及周边省份温室、大棚等保护地栽培。

（7）雪彤6号：河南省农业科学院园艺研究所选育（图1-31）。

图1-31 雪彤6号

特征特性：属早熟厚皮甜瓜新品种，全生育期105 d左右，果实发育期28～34 d。果实高圆形，果皮白色。果面光滑，外观漂亮。果个儿中等，平均单瓜重1.50～1.85 kg。果肉厚3.4～3.7 cm，果肉浅橙色，中心可溶性固形物含量16.2%左右，肉质细软，肉质细腻多汁、品质优良。果实成熟后不落蒂，商品性好，耐贮运。

适应地区：河南省及周边省份温室、大棚等保护地栽培。

（8）雪彤8号：河南省农业科学院园艺研究所选育（图1-32）。

特征特性：属早熟厚皮甜瓜新品种，全生育期104 d左右，果实发育期28～35 d。果实高圆形，果皮白色。果个儿中等，平均单瓜重1.60～1.85 kg。果肉厚3.4～3.8 cm，果肉浅橙色，中心可溶性固形物含量16.5%以上，肉质细脆、品质优良。果实成熟后不落蒂，商品性好，耐贮运。

图1-32　雪彤8号

适应地区：河南省及周边省份温室、大棚等保护地栽培。

（9）雪彤9号：河南省农业科学院园艺研究所选育（图1-33）。

特征特性：属早熟厚皮甜瓜新品种，全生育期103 d左右，果实发育期30 d，早熟，外观漂亮。植株综合抗性强，果个儿中等偏大，膨瓜速度快，平均单瓜重1.5～2.0 kg。果肉橙色，肉厚3.3～4.3 cm，中心可溶性固形物含量16.0%以上，肉质酥脆。果实充分成熟后会脱落。

图1-33　雪彤9号

适应地区：河南省及周边省份温室、大棚等保护地栽培。

（10）金香玉：开封市农林科学研究院选育（图1-34）。

特征特性：属中晚熟厚皮甜瓜品种，全生育期105 d左右，果实发育期45 d左右，果实短椭圆形，金黄皮，平均单果质量1.5～2 kg，果肉橘红色，脆甜可口，香味浓郁。果肉厚3.0～3.5 cm，中心可溶性固形物含量16.5%，边部可溶性固形物含量12.6%，平均亩产3 000 kg。

适应地区：河南省及周边省份温室、大棚等保护地栽培。

图1-34　金香玉

（11）开甜九号：开封市农林科学研究院选育（图1–35）。

特征特性：属中晚熟厚皮甜瓜品种，全生育期110 d左右，果实发育期45 d左右。果实高圆形，白皮，光皮，平均单果重1.5～2.0 kg。果肉橘红色，松脆爽口，果肉厚3～3.5 cm，中心可溶性固形物含量15.8%，边部可溶性固形物含量12.5%，亩产3 000 kg左右。

适应地区：河南省及周边省份温室、大棚等保护地栽培。

图1-35　开甜九号

（12）开甜五号：开封市农林科学研究院选育（图1–36）。

特征特性：属中晚熟厚皮甜瓜品种，全生育期110 d左右，果实发育期45 d左右。果实高圆形，果皮金黄色、光皮，平均单果重1.5～2.0 kg，果肉橘红色，绵软多汁，蜜甜可口。果肉厚3.0～3.5 cm，中心可溶性固形物含量15.8%，边部可溶性固形物含量12.6%，亩产2 800 kg

左右。

适应地区：河南省及周边省份温室、大棚等保护地栽培。

图1-36　开甜五号

2.网纹甜瓜

（1）众云18：河南省农业科学院园艺研究所选育（图1-37）。

图1-37　众云18

特征特性：属中熟网纹甜瓜杂交种，全生育期110 d左右，果实发育期40 d左右。植株较为紧凑、长势中等，易坐果。果实椭圆形，果皮浅绿底，表面覆均匀密网纹，外观好。果肉橘红色，肉厚约3.6 cm，香味浓郁，口感极好，具哈密瓜风味，果实成熟后不落蒂。一株一果，单果重2.0 kg左右；一株双果，单瓜重1.2 kg左右，亩产3 500～4 000 kg，折光糖含量17%左右。抗白粉病、霜霉病、蔓枯病等病害，抗逆性强，耐贮运，货架期长。

适应地区：河南省及周边省份温室、大棚等保护地栽培。

（2）众云20：河南省农业科学院园艺研究所选育（图1-38）。

特征特性：属中熟网纹甜瓜杂交种，全生育期115～120 d，果实发育期35～40 d。植株株形紧凑，综合抗性好，果实中心可溶性固形物含量高、易坐果，果实椭圆形，果皮浅绿色底，表面覆均匀密网纹。果肉橙红色，肉厚3.6～4.5 cm，肉质硬，口感好，香味浓郁。单株单果平均果重1.57～2.0 kg，单株双果平均果重1.2 kg，亩产3 500～4 400 kg，果实可溶性固形物含量高，达16.0%～20.0%，综合抗性强，丰产、稳产性好，耐贮运。

图1-38 众云20

适应地区：河南省及周边省份温室、大棚等保护地栽培。

（3）众云22：河南省农业科学院园艺研究所选育（图1-39）。

特征特性：属中熟网纹甜瓜杂交种，全生育期112 d左右，果实发育期36～45 d，果实圆球形，果皮灰绿色，网纹细密全，果肉厚腔小，果肉橙红色，果实糖分积累快。果个儿中等偏小，平均单瓜重0.6～0.8 kg；果肉厚2.5～3.2 cm，品质优良，果肉脆甜。果实成熟后不落蒂、不变色，商品性好，耐贮运。

图1-39 众云22

适应地区：河南省及周边省份温室、大棚等保护地栽培。

（4）兴隆蜜1号：河南省农业科学院园艺研究所选育（图1-40）。

特征特性：属中熟网纹甜瓜杂交种，全生育期112 d左右，果实发育期36～45 d。果实圆球形，果皮墨绿色，网纹细密全，肉厚腔小，果肉绿色，果实糖分积累快。平均单瓜重1.7～2.0 kg。果肉厚3.5～4.0 cm，品质优良，果肉细软。果实成熟后不落蒂、不变色，商品性好，耐贮运。

图1-40　兴隆蜜1号

适应地区：河南省及周边省份温室、大棚等保护地栽培。

（5）开蜜典雅：开封市农林科学研究院选育（图1-41）。

特征特性：属中晚熟厚皮甜瓜品种，全生育期110 d左右，果实发育期50 d左右。果实椭圆形，果皮黄绿色，稀网纹，平均单果质量2.0～3.0 kg，果肉橘红色，肉厚4.0～5.0 cm，脆甜可口。中心可溶性固形物含量15.8%，边部可溶性固形物含量12.3%，亩产2 900 kg左右。

适应地区：河南省及周边省份温室、大棚等保护地栽培。

图1-41　开蜜典雅

（6）开蜜秀雅：开封市农林科学研究院选育（图1-42）。

特征特性：属中晚熟厚皮甜瓜品种，全生育期115 d左右，果实发育期50 d左右。果实椭圆形，果皮灰白绿色，稀网纹，平均单果重2.0～3.0 kg，果肉橘红色，肉厚4.0～5.0 cm，中心可溶性固形物含量15.6%，边部可溶性固形物含量11.5%，亩产3 200 kg左右。

适应地区：河南省及周边省份温室、大棚等保护地栽培。

图1-42 开蜜秀雅

（7）开蜜优雅：开封市农林科学研究院选育（图1-43）。

特征特性：属晚熟厚皮甜瓜品种。全生育期110 d左右，果实发育50 d左右。果皮灰绿色，网纹立体感较强，果实高圆形，一般单果重2.0～3.0 kg，脆甜可口，果肉厚4.0～5.0 cm，中心可溶性固形物含量16.6%，边部可溶性固形物含量14.6%，亩产2 800 kg左右。

适应地区：河南省及周边省份温室、大棚等保护地栽培。

图1-43 开蜜优雅

3.薄皮甜瓜

（1）珍甜18：河南省农业科学院园艺研究所、开封市农林科学研究院选育（图1–44）。

图1–44 珍甜18

特征特性：属薄皮型甜瓜杂交种。全生育期86 d左右，果实发育期22～25 d，长势强，早熟性好。果实梨形，果皮白色，果肉白色，中心可溶性固形物15.0%以上，平均单瓜重0.40 kg。果肉厚2.1 cm，果肉脆甜。

适应地区：河南省及周边省份露地或保护地栽培。

（2）珍甜20：河南省农业科学院园艺研究所、开封市农林科学研究院选育（图1–45）。

特征特性：属薄皮型甜瓜杂交种。全生育期天90 d左右，果实发育期25～28 d，长势强，早熟性好。果实梨形，果皮白色，完全成熟后有黄晕，果肉白色，果肉厚2.2 cm，中心可溶性固形物含量16.0%以上，果肉脆甜，品质好，平均单瓜重0.45 kg。

适应地区：河南省及周边省份露地或保护地栽培。

图1–45 珍甜20

（3）翠玉6号：河南省农业科学院园艺研究所选育（图1–46）。

特征特性：属薄皮甜瓜杂交种。早春栽培生育期平均110 d，露地地爬栽培生育期平均在70 d，果实发育期25～28 d。植株长势中等，叶片深绿色，果实梨形，果皮、果肉均为绿色，中心可溶性固形物含量15.0%以上，果肉酥脆爽口，有清香味，平均单瓜重0.5 kg。

适应地区：河南省及周边省份露地或保护地栽培。

图1–46　翠玉6号

（4）菊城翡翠：开封市农林科学研究院选育（图1–47）。

特征特性：属薄皮甜瓜品种，全生育期85 d左右，果实发育期28 d左右，长势稳健，易坐果，果实苹果型，果皮深绿色，果肉绿色，果肉厚2.0 cm，口感酥脆，果实成熟后不落蒂。平均单瓜重0.3～0.5 kg，中心可溶性固形物含量17.1%，亩产2 400 kg左右。

图1–47　菊城翡翠

适应地区：河南省及周边省份露地栽培或早春保护地栽培。

（5）开甜20：开封市农林科学研究院选育（图1–48）。

特征特性：属薄皮甜瓜品种，全生育期85 d左右，果实成熟期28 d左右，长势稳健，易坐果，果实苹果形，果皮白色，成熟后稍带黄晕，果肉白色，肉厚2.0 cm，口感酥脆。果实成熟后不落蒂，单瓜重0.3 ~ 0.5 kg，中心可溶性固形物含量16%左右，亩产2 700 kg左右。

适应地区：河南省及周边省份露地或保护地栽培。

图1–48　开甜20

二、西瓜、甜瓜集约化育苗技术操作规范

（一）穴盘基质嫁接育苗

“苗好半收成”，育苗环节是当前我国现代蔬菜产业建设的重点环节之一。穴盘基质育苗改善了育苗环境，缩短了育苗期，提高了成苗率和瓜苗的质量，符合规模化生产需求，在一些西瓜、甜瓜生产的主产区，特别是在培育嫁接苗和无籽西瓜苗上取得了显著效果。在保护地栽培或多年连作条件下，嫁接是提高西瓜、甜瓜对枯萎病等土传病虫害抗性的有效措施，通过选用适宜砧木进行嫁接，还能提高植株对低温、盐渍化等非生物胁迫的抗性及根系的吸收能力，为地上部分植株生长发育及产量建成提供充足的养分和水分，产量一般可增加10%～30%，因而在西瓜、甜瓜生产上得到了广泛应用。

目前国内外西瓜、甜瓜嫁接多采用顶插接、断根嫁接和靠接。其中，顶插接最为简单，易于推广应用；断根嫁接可有效节省育苗空间；靠接法带根嫁接，成活率高。顶插接和断根嫁接两者均适合集约化工厂育苗；育苗大户可采用顶插接或靠接方法嫁接。工厂化嫁接育苗可有效解决农户嫁接速度慢、种苗质量差、效益低的问题。因此，如何普及和推广西瓜、甜瓜集约化嫁接育苗技术，有效控制枯萎病等土传病害的发生，为产业发展提供健康、高质量的种苗，已成为西瓜、甜瓜生产亟待解决的问题。

1. 育苗设施设备

（1）育苗设施。育苗场地与环境调控：冬季和早春西瓜、甜瓜嫁接育苗必须在保温性和透光性好、空间较大、便于操作的连栋温室、日光温室或塑料大棚内进行，并且应配备必要的加温设备和保温

设施，如电热线、热风炉或热水管道及保温被、多层帘幕系统、多层塑料薄膜覆盖等；若在育苗季节低温阴雨天气较多，可考虑在育苗场地内增挂补光灯补充光照。

可在固定苗床和移动苗床上育苗，苗床建设应有配套的排水设施，在塑料大棚内可以做高畦，作为苗床。苗床管理宜采用分区育苗，即将砧木育苗、接穗育苗、嫁接苗和炼苗用的苗床分别放在不同区域管理（图2–1）。

图 2–1　苗床

（2）育苗容器。砧木育苗可选用 50 孔硬塑料穴盘、72 孔一次性穴盘或直径 8~10 cm营养钵（图2–2）。接穗育苗可选用 72 孔穴盘、塑料方形平底盘，或直接在棚内利用基质或营养土做畦，用以播种接穗。穴盘或营养钵重复使用应用 2% 漂白粉充分浸泡 30 min进行消毒处理，清水漂净再用。

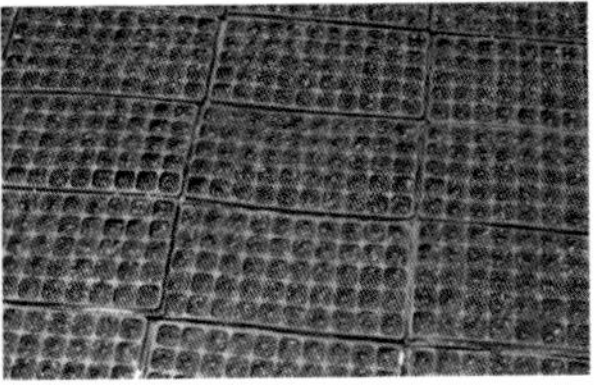

图 2–2　育苗容器

（3）基质的选择与消毒。

1）基质选择：可自配育苗基质，选用腐熟的牛粪、鸡粪、炉渣、菇渣、复合肥等，按一定比例配制的基质，要求疏松、保肥、保水，营养完全；也可从基质生产厂家购买专用育苗基质。选好的基质装入穴盘中，整平拍实，每10个一摞，人工按压出播种坑，坑深1 cm

左右，播种前用喷灌设施喷透基质，集约工厂化育苗可以直接使用播种机（图2-3）。

2）基质消毒：自配育苗基质每立方米基质加入58%多福锌可湿性粉剂5 g或30%噁霉灵水剂100 g消毒，同时混入0.8 kg氮、磷、钾配比为20：10：20的育苗专用肥或1.2 kg的配比为15：15：15三元复合肥，肥药一定要混合均匀。

图2-3 穴盘装基质

（4）嫁接器具。

1）刀片：用双面刀片，将其纵向折成2片即可，刀刃变钝时要及时更换（图2-4）。

2）嫁接签：多以竹片制成，一端削成弧形渐尖，径粗与西瓜下胚轴粗细相同，约3 mm，以不撑破接穗下胚轴为宜（图2-5）。

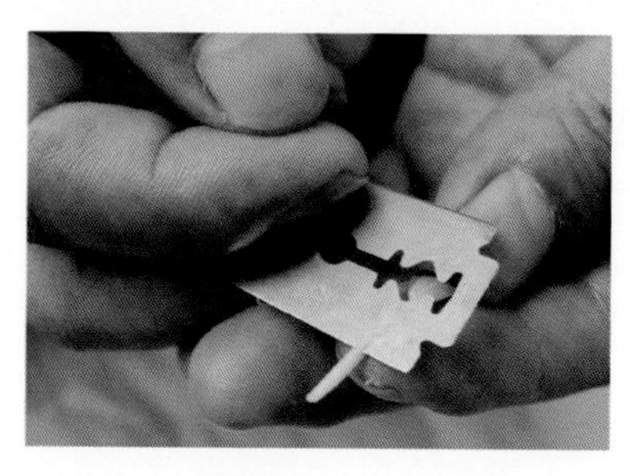

图2-4 刀片

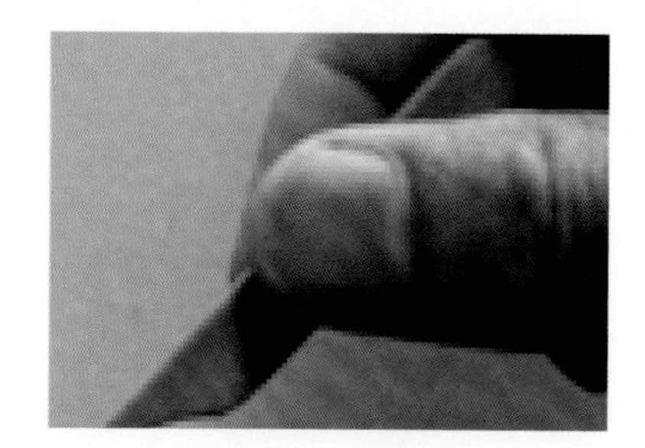

图2-5 嫁接签

3）嫁接夹：为了使砧木与接穗切面紧密贴合，在嫁接部位用塑料嫁接夹固定（图2-6）。

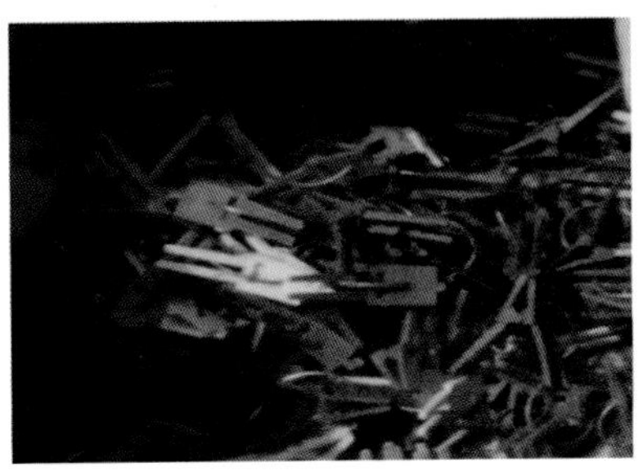
图2-6 嫁接夹

（5）育苗设施、设备消毒。设施、设备消毒：育苗场地、拱棚、棚膜、保温被（或草帘）及器具都要消毒，可采用高锰酸钾+甲醛消毒，每亩温室用1.65 kg高锰酸钾、1.65 L甲醛、8.4 kg开水消毒。即将甲醛加入开水中，再加入高锰酸钾，产生烟雾反应。封闭48 h消毒，待气味散尽后使用。

穴盘、平盘消毒：用40%甲醛100倍液浸泡苗盘20 min，捞出后在上面覆盖一层塑料薄膜，密闭7 d后揭开，用清水冲洗干净。

2.品种选择及用量

（1）砧木、接穗品种的选择。砧木选择的原则为亲和力好、抗逆性强、对果实品质无明显影响。适合做西瓜嫁接砧木的作物有葫芦、南瓜、野生西瓜，适合做甜瓜砧木的一般为南瓜。由于南瓜耐低温性好，在冬春保护地栽培中，采用南瓜砧木进行嫁接的比例逐年增加。接穗可根据当地市场需求和栽培实际选择适宜品种。

（2）用种量计算方法。

砧木种子数=需苗数/（砧木芽率×出苗率×嫁接成活率×壮苗率）。一般是需苗数的1.4～1.6倍。

接穗种子数=需苗数/（种子出芽率×苗子利用率×嫁接成活率×壮苗率）。一般是需苗数的1.5倍。

3. 浸种、催芽及播种管理

（1）砧木和接穗播期的确定。根据幼苗出圃日期确定砧木播种日期，如嫁接苗在1~2月出圃，则提前45~50 d播种；如在3月出圃，提前35 d左右播种；4月出圃提前25 d左右播种。采用插接和双断根嫁接时，葫芦砧木应较接穗提前5~6 d播种，南瓜砧木应提前 3~4 d，或砧木顶土出苗时为接穗播种日期。当外界气温较低时，可增加砧木与接穗播种的间隔时间；采用靠接时，砧木要比接穗晚播3~5 d。

（2）种子消毒处理。将种子放到55 ℃热水中不停搅动，等水温降到20～30 ℃时，浸种15 min捞出，用清水洗后再浸泡6 h左右。集约化育苗场应在播种前对种子所带病菌进行检测，最好选用不带病原菌的健康种子。对带有病毒病的种子，将干种子置于72 ℃恒温干热条件下处理72 h（不含在处理前将种子逐步升温处理降低含水量的时间）；对可能带有细菌性果斑病的种子，可用100倍福尔马林浸泡种子30 min，或300~400倍春雷霉素浸泡种子30 min，或72%农用硫酸链霉素2 000倍液浸泡种子30 min，或苏纳米1∶80（与水的体积比）浸泡种子15 min，再用清水将种子彻底冲洗干净后催芽（图2–7）。

图 2–7　温汤浸种及药剂浸种处理

（3）浸种催芽。用清水将消毒后的种子冲洗干净后在室温下浸种，南瓜砧种子2 h，葫芦砧种子8~24 h，西瓜、甜瓜种子6~8 h。浸种后捞出，搓洗去种皮表面黏液并沥干水后，用纱布包好放入28～30 ℃的恒温箱催芽，没有恒温箱的可用“控温仪+电热毯+棉被+棚膜”进行保温催芽。待种子露白时即可挑选种芽播种，未发芽的继续催芽，以确保嫁接时砧木大小一致。催芽时注意8~12 h通风1次，南瓜砧木种子约需要催芽20 h，葫芦砧木种子约36 h，西瓜、甜瓜种子约20 h（图2–8）。

图 2–8　催芽至露白

对于发芽率低的无籽西瓜和砧木可进行沙床催芽促萌，将种子装入网袋平铺在沙床上，种子厚度不超过2 cm，上盖2 cm厚的消毒黄沙，拱膜盖平保温保湿。用控温仪控温，白天控制在28~30 ℃，晚上20~22 ℃，注意观察沙床温度和湿度，沙床相对湿度控制在70%左右（手捏沙土时指尖出水但不聚成滴）。

（4）砧木播种育苗。露白的种子直接播种于50孔穴盘或营养钵中，每穴播种1粒，断根嫁接法砧木用50 孔穴盘播种时每穴放2 粒，播种深度1 cm 左右，注意将种子平放，胚根朝下，播种后用蛭石等轻基质覆盖，均匀浇水，持水量80%为宜，然后搭建小拱棚，覆膜保温，白天28 ℃，夜间18 ℃。当70%的种子出苗时，用95%噁霉灵可湿性粉剂3 000倍液加72.2%霜霉威盐酸盐水剂600倍液喷洒1次，并降低温度，白天20~25 ℃，夜间15~18 ℃。幼苗出土后容易“戴帽”，应及时人工摘除，使用葫芦砧木时，可在嫁接前3~5 d去除生长点（图2-9）。

图 2-9　砧木播种

（5）接穗播种育苗。接穗种子推荐撒播于塑料平底盘之中，塑料盘底部均匀铺一层厚4 cm左右的沙子，然后将种子均匀撒在沙子上，密度以种子不重叠为宜，然后覆盖1 cm厚的沙子，覆膜保温，以白天28 ℃、夜间18 ℃为宜，出土后注意及时脱帽（图2-10）。

图 2-10　接穗平盘育苗

4.嫁接

（1）嫁接适宜时期。采用顶插接法和断根法嫁接时，葫芦砧以第1片真叶展开时嫁接为宜，南瓜砧以第 1片真叶露心为宜，接穗出苗后2 d，在子叶将展未展之际嫁接。采用靠接法嫁接时，以砧木、接穗子叶平展刚露真叶时为嫁接适期（图2-11）。

嫁接前要搭建嫁接棚，棚宽应尽可能充分利用苗床空间，棚高一般在0.9 m。棚架上依次覆盖棚膜和遮阳网。嫁接签、刀片、嫁接夹等工具都要用75%医用酒精消毒。嫁接操作应在操作台（桌、凳皆可）上进行，高度以嫁接时方便、省力为好。

图 2-11　砧木长到 1 叶 1 心期接穗子叶展开时

嫁接前1 d，用72.2%霜霉威盐酸盐700倍液+医用硫酸链霉素400万~500万单位（用水稀释至15 kg）的混合液喷洒砧木和接穗，直到叶片滴水为止（图2-12）。采用断根嫁接时，要准备好装有消毒基质的50孔育苗穴盘，浇透底水，并在每穴中心打1孔，深度1 cm左右，以备断根嫁接后将嫁接苗回栽入穴盘。

图 2-12　嫁接前砧木和接穗药剂处理

（2）嫁接方法。

1）插接法：①剪去南瓜砧木子叶。以南瓜为砧木时，由于南瓜子叶较大，为避免对嫁接成活率产生影响，可在嫁接前1 d将砧木2片子叶各剪去一半。葫芦砧木子叶较小，无须采用此工序。②去除砧木生长点。在砧木2叶1心期，一只手抓住砧木苗茎部，另一只手抓住大叶，朝小叶斜向下方向用力，将砧木大叶、小叶和生长点全部扒除。③插入嫁接签。将嫁接签紧贴子叶叶柄中脉基部，向另一子叶叶柄基部成 45° 左右斜插0.5~0.8 cm，嫁接签稍穿透砧木表皮，露出嫁接签尖。④削接穗。用刀片在接穗子叶节基部以下0.2~0.5 cm处开始斜削一刀，切面长0.5~0.7 cm。⑤将接穗插入砧木中取出嫁接签，将切好的接穗迅速准确地斜插入砧木插孔内，同时使砧木与接穗子叶交叉成“十”字形。⑥移入嫁接棚。将嫁接后的穴盘苗迅速移入嫁接棚进行嫁接后的管理，嫁接棚需覆盖塑料薄膜保湿。可采取3人1组，2人嫁接，1人削接穗（图2–13）。

图 2–13　插接法嫁接

图 2-13　插接法嫁接（续）

2）双断根嫁接法：①砧木断根。嫁接前抹去砧木生长点并将砧木2片子叶各剪去一半，从子叶下 5~7 cm处平切断。②接穗断根。将接穗西瓜或甜瓜从沙盘中根茎处割下，下胚轴留1.5~2 cm，然后用刀片斜切出0.5~0.7 cm切面。③插接：将切好的接穗迅速准确地斜插入砧木插孔内，同时使砧木与接穗子叶交叉成“十”字形。④回栽：嫁接后尽快回栽到水分充足的穴盘基质中，插入基质深度2~3 cm，适当按压基质，使嫁接苗与基质紧密接触，利于生根并防止倒伏，扦插时尽量将砧木子叶沿同一方向排列，利于透光（图2-14）。

图 2-14　双断根嫁接

图 2-14　双断根嫁接（续）

3）靠接法：①将砧木去心并进行苗茎削切。用嫁接刀挖去砧木生长点，先在砧木子叶下0.5~1 cm，用刀片向下作45° 角斜削一刀。深度达胚轴的2/5~1/2，长约1 cm。②对接穗进行苗茎削切。在接穗的相应部位向上作45° 角斜削一刀，深度达胚轴的1/2~2/3，长约1 cm。

③砧木和接穗切口结合并进行固定。将接穗切口嵌插入砧木茎的切口，使两者紧密结合在一起，并用嫁接夹固定。④嫁接后移栽。采用砧木和接穗分开播的，嫁接后立即将苗栽入营养钵中，栽植时先在栽植穴中浇好水，以左手握住嫁接苗的接口处，将苗轻放入穴中，使接口距土面3~4 cm，同时要注意使砧木和接穗的下胚轴与基部彼此离开1 cm以上，以便在嫁接苗成活后切除接穗的根部，位置放正后，用右手覆土填满栽植穴。⑤接穗断根。嫁接7~10 d后接口愈合，从紧靠接口下部为切断接穗根部，不可接近土面，以免接穗发生不定根（图2–15）。

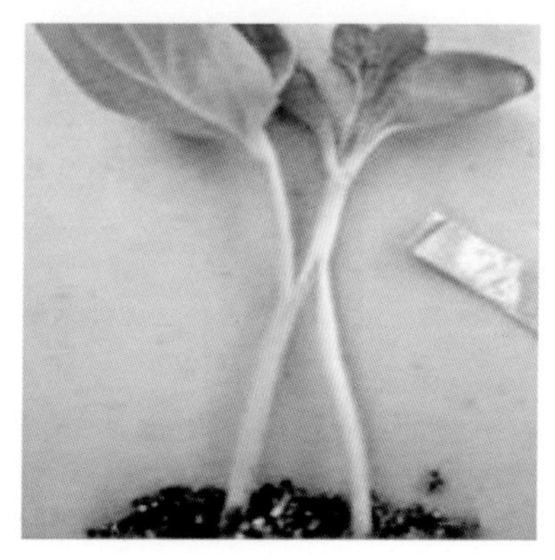

图 2–15　靠接法嫁接

图 2-15　靠接法嫁接（续）

（3）嫁接后苗床管理。

1）温度管理。嫁接后1~3 d，昼温保持28~30 ℃，夜温23~25 ℃。春、夏季育苗如温度过高可采取遮阳降温或膜上喷水降温，保持温度在32 ℃以下。嫁接后4~6 d，温度适当降低，昼温26~28 ℃，夜温20~22 ℃。应适当通风透光，并逐渐延长光照时间，加大光照强度。嫁接1周后伤口愈合，逐渐加大通风量，温度管理逐渐恢复正常。其后温度管理随着嫁接苗生长逐渐降低，昼温控制在22~25 ℃，夜温18~20 ℃。当幼苗长至1叶1心时，夜温可保持在16~18 ℃，如遇低温雨雪天气或连阴天气，应及时加温保暖、适当补光。定植前5~7 d开始炼苗，加大通风、降低温度、减少水分、增加光照时间和强度（图2-16）。

图 2-16　覆膜保温保湿

2）湿度管理。总的原则是“干不萎蔫，湿不积水”，即湿度应控制在接穗子叶不萎蔫、生长点不积水的范围内；晴天应以保湿为主，阴天宁干勿湿。嫁接后1 ~ 3 d，以保湿为主，相对湿度在95%以上，但接穗生长点应不积水；嫁接后4 ~ 5 d，加强通风透光，相对湿度降到85%左右。通风一般选择在早晚光照不强时进行，通风的时间以接穗子叶不萎蔫为宜（图2-17）。当接穗开始萎蔫时，要立即保湿遮阴，待其恢复后再通风见光。通过上述过程反复炼苗，1周后根据愈合情况进入正常的苗床管理。

图 2-17　揭膜通风

3）光照管理。嫁接苗成活之前，要根据棚内的温度来进行光照管理。只要棚内温度不超过32 ℃，接穗不萎蔫，就应该尽量增加光照。温度超过32 ℃时，就要遮阴降温。嫁接后1~3 d，嫁接苗需要遮阴，以散射光为主，避免阳光直射，见光时间要短。嫁接后4~7 d可逐渐延长光照时间，加大光照强度，一般在早晚见光，中午光照强烈时遮阴；嫁接1周后一般就不再需要遮阴，但要时刻注意天气变化，特别是多云转晴天气，转晴后接穗易萎蔫，一定要及时遮阴，经过“见光—遮阴—见光”的炼苗过程（图2-18）。在遇到连续阴雨天气时，可以进行人工补光（图2-19）。

图 2-18　苗床遮阴

图 2-19　人工补光

4）水肥管理。基质现白时，用30 ℃左右的温水，结合追肥，于傍晚前后用喷壶喷洒。定植前2 ~ 3 d，不宜浇水。苗期以营养生长为中心，应适当增加氮肥，氮、磷、钾肥比例为3.8：1：2.76，可用瓜类专用液肥进行适时灌根。

5）除萌蘖。嫁接后应及时剔除砧木长出的不定芽，去侧芽时切忌损伤子叶及摆动接穗。待嫁接苗长至2叶1心或3叶1心时即可定植或者出圃，定植或者出圃前1周要进行低温炼苗以提高嫁接苗适应能力，提高嫁接苗定植成活率（图2–20）。

图 2–20　人工除萌

6）病虫害防治。嫁接苗对土传病害有抗性，要及时防止出现其他病虫害。苗期害虫主要有蚜虫、蓟马、潜叶蝇、菜青虫等；苗期主要病害是猝倒病、疫病和炭疽病等。

5. 成品苗的包装和运输

（1）出圃标准。嫁接苗达到2叶1心或3叶1心时可以出圃。达到出圃要求的壮苗标准为：子叶完整，茎秆粗壮，嫁接处愈合良好，接穗真叶2~3片，叶色浓绿，根系完好，不带病虫（图2–21）。

图 2–21　嫁接苗出圃标准

（2）嫁接苗的包装。嫁接苗育成后，应及时包装运输。包装容器应具有防压、透气、防冻、防热、耐搬运特性，能够承受一定的压力和长途运输中的颠簸，常用包装容器有纸箱、木箱、木条箱、塑料箱等。秧苗装箱前应在箱内铺保湿薄膜，提苗时勿伤及秧苗，保持根坨完整，整齐码入箱内，每箱装苗不宜太满，盖严封好待运（图2–22）。

图 2–22　嫁接苗的包装

（3）运输与定植。选择天气状况较好时运输，减少运输环节对嫁接苗质量和活力的影响，运苗车辆应具备保温、防雨雪功能。装车时既要充分利用运输空间，又要留有一定的空隙，防止嫁接苗呼吸热伤害。将苗盘摆放在有架子的运输车上运输，轻拿轻放。天冷时注意保温，天气炎热时进行遮阴运苗。成品苗应尽可能在5 h内运到目的地，以便尽快定植（图2–23）。

图 2–23　嫁接苗的运输

（二）营养块育苗

营养块育苗是近几年推广的一种育苗新方法，营养块选择优质草本泥炭为主要原料，采用先进科学技术压制而成，集基质、营养、控病于一体，以苗龄较短的瓜菜品种育苗最为适宜。营养块育苗具有以下优点：①省工省力，操作简单，与传统营养钵育苗相比，省去取土、过筛、配肥、加药、装钵等过程，每亩可节约5~6个人工；苗期只需要注意水分与湿度管理，育苗简便高效。②节约用种，苗全苗壮，出苗率高，用种量少，出苗均匀整齐，长势一致，一次成苗，育苗期缩短。③改良土壤，养分均衡，块体松紧适度，理化性能优良，水分、空气、营养协调，各种微量元素均衡齐全，能显著提高土壤的机质含量，增加有益微生物含量，改良土壤结构，有效防止土壤板结与盐碱化。④带基定植，营养块可直接移栽，不伤根，无须缓苗。⑤高产增收，预防病害，营养块体pH值5.5~6.5，显弱酸性，防病抑病作用明显，能使花芽分化有效增加，开花结果数增多，移栽成活率高，延缓衰老。

1. 设施选择 根据季节不同选用温室、塑料大棚等育苗设施，夏秋季露地育苗应配有防虫、遮阴、防雨水设施；冬春育苗应配有防寒保温设施。

2. 苗床准备

（1）建床铺膜。选择适宜的场地，确保温度、水分、光照等都能达到育苗要求。平整南北走向的宽1.3~1.5 m，深8~10 cm的育苗池，铺上塑料薄膜，地膜要延伸到垄边，防止水分渗漏、根系下扎及土传病害侵染，温差大的地方要选沙地或铺层细沙以便保温。

（2）苗床摆块。选择圈形大孔40~50 g的营养块整齐摆放在苗床上，块间距应在2 cm以上，以保证西瓜、甜瓜幼苗有充分的生长空间，并防止膨胀挤块（图2-24）。

（3）浇水胀块。一般在播种前1 d进行，用洒水壶喷水，全喷湿之后用水管从营养块底部小流灌水，水面高度应是营养块高的2/3，30 min后用细铁丝扎营养块看是否泡透，直到泡透为止，剩余的水应

图 2-24　苗床摆放

通过膜上打孔排出，防止泡坏营养块。放置12~24 h后营养块会迅速膨胀到2倍左右，即可播种。

3. 播种

（1）种子处理。按常规方法晒种、消毒、浸种、催芽，催芽露白70%时播种。包衣种子在确保发芽率和发芽势时可不处理；夏季一般只浸种不催芽，以免高温烧芽。

（2）播种覆土。每个吸胀好的营养块的播种穴里播1粒露白种子，播种时将种芽朝下并平放，防止种苗带壳出土；然后盖1~2 cm灭菌细土，营养块间隙不填土，以保证通风透气，防止根系外扩，加完后轻压，严禁在加盖土中加入肥料、添加肥和农药。禁用重茬土覆盖；注意调节温度，促使种苗早发芽；夏季苗床要进行遮阴，避免烫种；冬季若棚温低种子不能很快出芽，每隔3~5 d在早晨揭膜透气并注意补水。

4. 苗期管理　播种后苗床表面覆薄膜保持温度和湿度，使空间温度保持25~28 ℃，幼苗出土后及时掀膜；出苗后视营养块干湿情况及时进行补水，幼苗第1片真叶展开前要保证营养块体水分充足，整个苗期每3~5 d灌水1次，有滴灌条件的最好用软管滴灌浇水，整个生育期严禁外湿内干。棚温白天控制在25 ℃以上，夜间保持在15 ℃以上；浇水时严禁用大水浸泡、漫灌，以防散块；整个苗期注意及时放风，防止发生高脚苗。其他管理同于基质穴盘育苗。

5. 秧苗锻炼 定植前5~7 d开始炼苗，温度控制在15 ℃，并在移栽定植前喷1次防冻剂，以防因降温导致瓜苗死亡。

6. 定植移栽 当根系布满营养块，白尖嫩根稍外露，就要及时定植，以防止根系老化。定植时带块移栽，冬春季节在晴天上午、夏季在傍晚移栽于定植穴内，块体不要露出地面，上面至少覆土 1~2 cm。定植后一定要浇1次透水，以利于根系下扎。

三、西瓜、甜瓜高效栽培技术操作规范

（一）设施小果型西瓜

西瓜是夏季人们喜爱的降暑水果之一，近年来，人们对西瓜的消费需求发生了变化，小果型西瓜因果实小巧美观、肉质细嫩、汁多味甜、品质上乘，成为人们的消费首选。为了满足消费者的需求、增加生产者的经济效益，各地都在推广种植小果型早熟西瓜。小果型西瓜大都采用保护地栽培，充分利用春季温光资源，可以提前1～2个月上市，生产出的西瓜含糖量高、商品性好，提早上市，市场价格高，经济效益显著（图3–1）。

图 3-1　小果型西瓜高效栽培

1. 设施准备

（1）棚室建造。单面温室一般东西长40~60 m，南北跨度6.5 m，每孔拱杆的距离1.1 m，北山墙及东西两头山墙用稻草苫或玉米秸秆搭建于山墙柱上，内外用塑料薄膜包严，防止棚内外空气流通，提高反季节生产的保温效果，双面温室通常也是南北延长，比较高大，其形式规格多种多样，跨度从3~5 m至8~12 m，长度20~40 m不等，开间2.5 ~ 3.0 m设一“人”字架和间柱，脊高3 ~ 5 m，侧壁高1.5 ~ 2.5 m（图3–2）。

图 3–2　不同类型温室

塑料大棚类型因地区、选材、规格不同类型也较丰富，常以竹、木、水泥或钢材等杆材作骨架，在表面覆盖塑料薄膜进行反季节保护地栽培，具有结构简单、建造方便、土地利用率高、经济效益好等优点。大棚跨度一般8 m，高4 m，南北走向最好。小果型西瓜一般需吊蔓栽培，可用钢、竹、水泥混合结构或钢筋结构。混合结构大棚一般跨度为12~14 m，高2.6~2.7 m，以3~6 cm粗的竹竿为拱杆，拱杆间距1~1.1 m，每一拱杆由6根立柱支撑，立柱用木杆或水泥预制柱。钢筋结构一般跨度为6~8 m，高2.5~3 m，长30~50 m，用薄壁钢管制作成拱杆、拉杆、立杆（图3–3）。

（2）提早覆棚膜。为了在定植前有效提高棚内地温，可在定植前15 ~ 20 d覆盖棚膜，闭棚提升地温，并用50%百菌清烟熏剂熏棚杀菌消毒。

图 3-3　不同结构大棚

2. 品种选择及育苗

（1）品种选择。塑料大棚栽培西瓜主要抢在小拱棚西瓜采收前上市，应选择耐低温、易坐果、早熟优质品种。

（2）育苗时期。针对早春气温低而不稳的气候特点，按照棚栽西瓜适期早栽和适龄移栽的要求，坚持适期早播，因此确定在前一年12月底至1月上旬播种，一般在5月初上市。

（3）育苗技术。小果型西瓜早春种植需要嫁接育苗提高植株抗性，嫁接育苗详见集约化育苗技术操作规范。

3. 施肥与定植

（1）施基肥。施用充足的腐熟有机肥、饼肥、高钾复合肥做基肥，可达到优质、高产的目标，每亩普施充分腐熟的猪粪3 ~ 4 m^3或鸡粪2 ~ 3 m^3，过磷酸钙40 kg；配施优质三元复合肥50 kg，优质豆粕或腐熟饼肥100 ~ 150 kg，结合耕翻各撒施70%；剩余肥量和硫酸钾15 ~ 20 kg，一并在开挖瓜沟后顺行条施。

（2）土壤消毒。可按用量400 g/亩使用95%三氯异氰尿酸进行土壤消毒，与粪肥普遍撒施后耕翻土地；或用75%百菌清可湿性粉剂或70%甲基硫菌灵可湿性粉剂，配成1：50的药土在翻地时均匀施入龟背畦土壤中，用药量0.5 ~ 1 kg/亩。

（3）开沟、做畦。瓜沟最好南北走向，便于管理，小果型西瓜采用吊蔓栽培、宽窄行方式种植，宽行距 80 ~ 90 cm，窄行距50 ~ 60 cm，垄高20 ~ 25 cm。

（4）覆地膜。采用白色、银色或黑色地膜全园覆盖的膜下滴灌方式，可以有效降低空气湿度，减轻病害发生。覆膜前喷施除草剂，覆膜时应将喷过除草剂的地面用地膜严密覆盖，防止回流药害。

（5）定植时期。当大棚内地表10 cm处地温稳定在12℃以上时，选晴天上午定植；河南瓜区可采用3膜1毡大棚模式，在2月中下旬选择冷尾暖头的天气实时定植。采用三角形定植法，株距40 cm，定植1 800 ~ 2 000株/亩，定植后覆盖小拱棚，夜间低温时在拱棚上覆盖草苫加强保温。定植后浇1次缓苗水，浇水不宜过多；若定植嫁接苗，嫁接口一定要留在地面以上，以防病菌侵入和接穗发生不定根，失去防病效果。

4. 田间管理

（1）整枝与吊蔓。

1）整枝。根据定植密度，可以进行单蔓整枝、双蔓整枝，主蔓长30 cm时，撤掉小拱棚，进行整枝和吊蔓的准备工作。

2）吊蔓。可用尼龙绳或塑料绳，基部固定在西瓜蔓上，顶部固定在拉好的铁丝上，每蔓挂1根塑料绳，成为吊绳架。

3）引蔓。瓜蔓长40 ~ 50 cm时开始引蔓，绑第1道蔓，以后根据生长及时引蔓；西瓜蔓较长，大棚空间有限，为了压缩蔓的高度，可将蔓按“S”形或“之”字形引蔓上升。

（2）授粉。

1）人工授粉。晴天在上午8 ~ 10时进行，阴天在9 ~ 11时进行。具体方法：摘下当天开放的雄花，去掉花瓣或后翻花瓣使雄蕊露出，然后用花药在雌花的柱头上轻轻涂抹，每朵雄花可涂1 ~ 2朵雌花。授粉后做好授粉标记，当天授粉的可系同一颜色的线绳标记，方便批量采收，也可挂上标注授粉日期的标牌（图3–4）。

图3–4　人工授粉

2）蜜蜂授粉。待5%西瓜花开放时及时放置授粉蜜蜂，蜂箱置于棚室中央，距地面50～100 cm，注意防晒、隔热、防湿、防蚂蚁，蜂箱上方30～50 cm处加盖遮阳网。注意在西瓜开花前10 d，棚室周围与棚室内禁用任何杀虫药剂，棚中土壤禁用吡虫啉等强内吸性缓释杀虫剂。如果生产之初已经使用杀虫药剂，不应再使用蜜蜂授粉，避免产生不必要的损失（图3–5）。

图 3-5　蜜蜂授粉

3）坐果灵辅助授粉。开花当天用0.1%氯吡脲或0.1%噻苯隆进行辅助授粉。将坐果灵用水稀释至所需浓度，充分摇匀，使其呈均匀的白色悬浮液，然后采用微型喷壶对着瓜胎逐个充分均匀喷施，也可采用毛笔浸蘸药液均匀涂抹整个瓜胎（图3–6）。

图 3-6　喷施坐果灵

（3）选瓜与吊瓜。留果节位以留主蔓或侧蔓第2、第3雌花为宜，在管理过程中应摘除子房发育不全、授粉不良的畸形瓜，留果型周正的幼果。当果实0.5 kg左右时，可用网袋套住幼瓜，再将网袋上端固定在上方铁丝上，或用尼龙绳系住果柄吊在上方铁丝上；也可用尼龙绳将瓜柄与瓜蔓捆绑在一起，防止果实因长大坠落（图3–7）。

图 3-7　选瓜、吊瓜

（4）肥水管理。定植期要适量浇水，移栽的瓜苗应在5～7 d后再浇缓苗水。伸蔓期植株需水量增加，采用小水缓浇，浸润根部土壤为宜。结果期植株需水量最大，在幼瓜膨大阶段，即当80%以上的幼瓜鸡蛋大时要浇膨瓜水，采收前7～10 d停止浇水，膨瓜期浇水要结合追肥。若西瓜长势弱，底肥不足，可在植株伸蔓期追施氮肥10～15 kg/亩；西瓜长到鸡蛋大时可随水追施尿素10 kg/亩和硫酸钾2～3 kg/亩，10～15 d后第2次追肥，可随水追施尿素5 kg/亩和硫酸钾10～15 kg/亩，或追施氮、钾含量高的冲施肥，冲施数量可按照同等氮、钾含量计算施用。

（5）温度、湿度调控。

1）温度调控。应做好前期防寒保温和后期防止高温为害，并保持一定的昼夜温差。定植后1周内，要密闭大棚，提高地温，可采用多层覆盖防寒保温；伸蔓期白天中午温度超过30 ℃时开始通风，下午温度降至26 ℃时关闭风口，早期放风时要防止扫地风闪苗；适当通风可以降低空气湿度，降低病害发生率，提高透光率；开花结果期白天温度保持在26～30 ℃，夜间在16～20 ℃，膨瓜阶段保持较大的昼夜温差可促进西瓜品质的提高。

2）湿度调控。定植后应根据天气情况采取相应措施，满足其不同生长发育时期对温度的需求。晴暖天气，早揭晚盖风口；阴冷天气，晚揭早盖风口。大棚内空气湿度白天控制在55%～60%，夜间75%～80%。应在前期控制灌水，中期加强通风排湿，棚膜应采用8～10 mm无滴膜。

（6）光照管理。光照管理措施的关键是尽可能创造条件增加光照，采取多层覆盖的大棚，在保证温度不降低的情况下，每天在日出后由外及内逐层揭膜，日落时再逐层盖膜，尽可能早揭晚盖草苫。

5. 病虫害防治 病虫害防治要始终坚持“预防为主，综合防治”的原则，主要病害有炭疽病、白粉病、病毒病、疫病等，主要害虫是蚜虫等。除采用抗病品种、种子消毒外，采用物理防治方法如防虫网覆盖技术、黄板诱杀技术和灯光诱杀技术等可以有效预防虫害的发生。还应加强田间管理，要严格控制温度、湿度，发病时及时用药剂防治，详见本书第四部分。

6. 适时采收 小果型西瓜采收可通过坐果日期、卷须变化、果型皮色和果实弹力等作为采收依据。一般冬春季小果型西瓜授粉后35～40 d成熟，坐果节卷须从尖端起1/3干枯可作为成熟标志。成熟时果梗茸毛消失，着花部位凹陷，果皮富有光泽，果面条纹和网纹鲜明，用手指压其蒂部感到有弹力，稍用力即有果肉开裂的感觉。

（二）设施早熟西瓜

早熟西瓜品种果实较大，产量高，加上成熟的配套保护地栽培技术，可使瓜农生产高产、优质西瓜，应对千变万化的市场，获取较高效益（图3-8）。

图3-8　早熟西瓜高效栽培

1. 播前准备

（1）搭建大棚。采用竹木结构简易大棚，因其比较牢固，抗风性能好，便于取材和降低生产成本，以南北走向为宜，跨度12 m左右，长100～150 m，需设5道立柱，立柱间距3 m，棚高1.8～2.2 m；也可建造镀锌薄壁钢管大棚，一般跨度为6~8 m，高2.5~3 m，长30~50 m。用卡具、套管连接棚杆组装成棚体，覆盖薄膜用卡膜槽固定。此种棚架属于国家定型产品，规格统一，组装拆卸方便，盖膜方便。棚内空间较大，无立柱，两侧附有手动式卷膜器，作业方便。大棚应在移栽前10 d建好并盖棚膜，以提高地温（图3–9）。

图 3-9　不同结构大棚

（2）整地施肥与做畦。冬季进行1次深耕，耕而不耙，以促进土壤风化。定植前7 ~ 10 d整地，每亩施优质有机肥3 ~ 5 m^3，三元复合肥50 kg，硫酸钾20 kg，施肥前撒施辛硫磷3 ~ 4 kg，将沟土与粪、肥、药混匀并回填定植穴。

施肥整地后浇水、造墒、做畦，跨度6 ~ 8 m的大棚起垄2~3行，起垄后覆盖地膜，提前覆盖地膜对提高地温十分重要，可缩短缓苗期，棚内全地膜覆盖，两膜交界处可先用土块等压牢或用竹签固定，增温并防水分散失。

2. 品种选择与育苗

（1）品种选择。选择早熟、优质中果型西瓜品种。

（2）育苗。河南地区一般于1月上旬播种，多年生产实践证明该播种期能确保早熟西瓜5月中旬上市。

（3）育苗技术。由于植株生长前期温度较低，需提前育苗，为提高幼苗抗性，一般选择嫁接育苗，详见集约化育苗技术操作规范。

3. 定植　定植期可选择在2月上中旬。当幼苗3 ~ 4片真叶时，可选冷尾暖头晴天及时定植。定植时把西瓜幼苗小心从穴盘取出，放入定植穴中，嫁接苗的定植深度以接口高于畦面为宜，栽后用1%的三元复合肥液加20%甲基立枯灵600倍液灌根，然后用细土封住地膜孔；最后扣小拱棚膜。定植密度为行距2.5~3 m，株距30 ~ 40 cm。

4. 田间管理

（1）温度管理。缓苗期管理主要是增温、保温。要密闭大棚和小拱棚，不通风换气，以提高地温，促进缓苗。一般小拱棚内温度在35 ℃以下可不揭膜放风。早晨幼苗叶缘有露珠，表明已度过缓苗期。小拱棚内温度白天以30 ~ 35 ℃、夜间15 ℃以上为宜。前期若遇气温突降，应及时在小拱棚上加盖草苫、棉被等保温，使地温不低于12 ℃。开花授粉期管理主要是调节温度，温度保持在白天25 ~ 30 ℃、夜间15 ℃以上，以促进植株提早开花、结果。随着天气转暖，应逐渐增加通风量，以利西瓜稳健生长。生长后期管理主要是通过多种途径达到降温效果，当外界温度不低于15 ℃时，应昼夜通风，促进植株正常生长，果实膨大期和成熟期白天以30 ℃左右为宜。需要通风降温时，先揭开小拱棚通风，当温度仍较高时，可在大棚“腰部”两膜交界处开缝通风。4月上旬天气转暖、气温稳定时，应及时撤掉小拱棚。

（2）湿度管理。大棚内湿度过大，会引起植株茎蔓生长过快、嫩弱，易发病。当空气相对湿度超过80%时，有利于病害的发生与蔓延。前期因外界气温低，通风时间短，大棚经常处于密闭状态，所以棚内湿度较高，应注意抓住一切有利时机，在外界温度稍高的中午前后打开通风口排湿。4月上旬终霜期已过，也可在夜间打开通风口排湿。通风时间长短、风口大小应视棚内湿度大小和棚外天气状况而定。在生长后期的高温季节可昼夜通风。

（3）水肥管理。在施足底肥的基础上，应适当控制前期的施肥量。苗期应少施或不施，防止茎蔓生长过旺；伸蔓期可每亩追施2 ~ 3 kg三元复合肥，或用3%磷酸二氢钾和2%尿素混合液随水冲施；瓜鸡蛋大时施膨瓜肥，每亩施三元复合肥10 kg加硫酸钾5 ~ 8 kg，一般间隔10 d再施1次肥料，施三元复合肥10 ~ 15 kg/亩。

苗期因植株根系分布较浅，吸水能力弱，土壤应保持一定的湿度，发现缺水时及时补充。随着植株根系不断向下伸长，所需水分主要从土层下部得到补充。因此，设施西瓜的生长后期，土壤应保持相对干燥，幼瓜拳头大时浇1次水，瓜小碗口大时一般4～5 d浇1次水，保持土壤湿润，促进果实生长。

（4）整枝授粉。天气晴好时结合揭膜放风整枝，一般采用3蔓整枝。撤棚后应立即理蔓和整枝。先将瓜蔓引出棚外，按间距15～20 cm均匀排开，同时压蔓。在全棚覆盖的瓜田，可用树枝、竹签或铁丝进行压蔓，以固定瓜蔓，使2条侧蔓与主蔓向不同方向行间延伸，每2行瓜苗的主蔓在同1行间对爬，以利于授粉和果实管理。整枝应在晴天午后进行，以减少对叶蔓的折损，同时有利于伤口的愈合，减少病菌侵染的机会。

大棚西瓜必须配合人工授粉，在9时前后进行。此时棚内湿度较高，授粉效果好。重点做好主蔓第2、第3朵雌花的授粉。幼瓜鸡蛋大时，每株选留1个果柄粗、果型圆整、发育快的幼瓜。一般选留主蔓第3朵雌花结的瓜，其余摘除。幼瓜1 kg左右时，主蔓留8～10片叶打顶，可显著提高产量。

（5）留二茬瓜。早熟西瓜普遍长势较壮，病害少，可多次结果，提高经济效益。头茬瓜采收前7 d左右，将2条侧蔓保留5～6片叶打顶，选留1～2条较壮的新生侧蔓，以利于结第2茬瓜。头茬瓜采收后，及时追施三元复合肥30～40 kg/亩，并用0.2%磷酸二氢钾、0.5%尿素溶液根外喷施2～3次，以促进第2批瓜的生长和产量形成。当侧蔓坐果节位雌花开放时，应见花就授粉，授粉结束后再选瓜和留瓜。

5. 病虫害防治 病虫害防治要始终坚持“预防为主，综合防治”的原则，主要病害有枯萎病、炭疽病、白粉病、病毒病、疫病等，主要害虫有蚜虫、红蜘蛛等。优先采用农业和物理防治措施，发病时及时用药剂防治，以高效低毒农药和生物药剂为主，详见病虫害防治操作规范。

6.采收 根据市场需求合理采收。远距离销售果实八成熟采收，就地销售九至十成熟采收。切忌过早或过熟采收，以免影响西瓜产量和品质，降低经济效益。

（三）设施中晚熟西瓜

大果型中晚熟品种利用设施进行早熟促成栽培，比露地西瓜提早上市1个多月，比早熟品种大棚栽培产量增加20%～30%，产量可达5 000 kg，产值近万元，具有很好的经济效益（图3-10）。

图 3-10　中晚熟西瓜保护地栽培

1. 大棚建造　栽培中晚熟品种所用大棚与早熟品种相同，建造方法参考早熟大棚建造方法。

2. 品种选择和育苗

（1）品种选择。选择优质、抗病的大果型西瓜品种。

（2）育苗。一般在1月上中旬育苗，5月上旬即可收获。多采用嫁接栽培，砧木选择根系发达、生长势好、抗病虫性强、耐低温性能好、有很好的亲和力和共生性的南瓜品种，嫁接方法参考本书第二部分内容。

3.定植

（1）定植时间。西瓜幼苗4叶1心时（日龄35～45 d）即可定植。一般于2月中下旬，选择晴天9~13时定植。

（2）定植方法。定植方法参考早熟西瓜内容，定植密度500～600株/亩。

4. 定植后的管理

（1）温度管理。定植前1周闭棚，定植后2～3 d，一般不通风，促缓苗，白天保持棚内25～28 ℃，夜间不低于15 ℃。坐果期白天28～32 ℃，夜间17 ℃以上。成熟期棚温白天保持30～35 ℃，夜温保持12～15 ℃，以促进糖分积累。

（2）湿度管理。西瓜不耐湿，棚内相对湿度不宜过大，除定植期稍高外，其他各生育期宜保持在50%～60%。因此要尽量减少地面蒸发，及时通风排湿，地面覆盖地膜或铺垫麦秸、麦草可有效地控制地面水分蒸发。定植缓苗后在地膜下瓜行间浇透水，前期一般不浇水，保持一定的干燥；坐瓜后浇第1次水促瓜；西瓜定个后浇第2次水；头茬瓜收获后浇第3次水，促结二茬瓜。每次浇水结合追施硫酸钾型复合肥10～15 kg/亩。

（3）整枝留蔓。采取“一主二辅”留蔓法。即1条主蔓结瓜，2条辅蔓为营养蔓，将2行瓜蔓对爬。瓜蔓每生长30～50 cm进行整枝压蔓，使其分布均匀。头茬瓜定个后对副蔓雌花授粉促结二茬瓜。

（4）授粉与留瓜。因大棚的特定环境条件，必须进行人工授粉或坐果灵辅助授粉。选择主蔓第2或第3朵雌花留瓜。每株授粉2个瓜，然后挑选生长快、果型好的果留下。阴雨、低温天气花粉活力低，结合人工辅助授粉，可用坐瓜灵处理子房。

5. 病虫害防治 病虫害防治要始终坚持“预防为主，综合防治”的原则，主要病害有枯萎病、炭疽病、白粉病、病毒病、疫病等，主要害虫有蚜虫、红蜘蛛等。优先采用农业和物理防治措施，发病时及时用药剂防治，以高效低毒农药和生物药剂为主。

6. 采收 中晚熟品种一般授粉后35～40 d成熟，根据市场需求合理采收。

（四）天地膜西瓜

天地膜栽培是利用长度1 m的竹竿和1 m的地膜搭建在西瓜定植畦的上方、跨度80 cm的简易拱棚，使西瓜前期生长在拱棚内的一种栽培方式。该种植方式将西瓜的伸蔓期、坐果期安排在本地气候条件最适宜的季节，具有降低生产成本、省工省时、方便间作套种、效益高等突出优点（图3-11）。

图 3-11　天地膜高效栽培

1. 拱棚准备　天地膜栽培有两种类型，一种是天膜、地膜均采用0.008～0.015 mm厚白色薄膜的简易覆盖，另一种是天膜采用0.05～0.08 mm农膜、地膜采用0.008～0.015 mm薄膜进行覆盖，拱架材料可选用竹竿或玻璃纤维杆，玻璃纤维杆弹性好，可重复利用。

2. 育苗

（1）品种选择。选择优质、抗病、丰产中晚熟西瓜品种。

（2）播种。一般于2月上旬播种、育苗。播前晒种、浸种和催芽，芽长0.2～0.3 cm时播种。播种前3 d密闭大棚。同时苗床浇透水，平盖1层地膜，以提高苗床温度。播种时先揭去薄膜，种芽向下平放在钵中间，覆土1～1.5 cm，及时盖地膜，搭建小拱棚。70%的种子出苗后撤去地膜。心叶显露期适时嫁接，嫁接苗管理参照本书第三部分。

3. 施肥与定植

（1）整地与做畦。选择土层深厚、土质肥沃的地块。整地做畦应做到既能活化土壤，又能避开不利环境条件影响。定植西瓜的瓜沟要在春节前挖好，利用低温风化疏松土壤，减少病虫越冬基数。种植畦南北走向，减少春季多发西北风造成风沙为害。平畦栽培，以2 m为1条种植带，种植畦宽0.7 m左右，坐瓜畦1.3～1.5 m，瓜沟深约0.3 m。亩施农家肥3 m^3，氮、磷、钾复合肥30 kg，结合施基肥，回填沟土，将种植畦耙成坡度15～20° 的龟背形畦。种植畦在幼苗移栽前5～7 d

浇水沉实，定植前3 d整地做畦，用铁耙等工具将畦面耙匀、耙平，做到表里一致，质地紧密。耙前可施4袋（每袋800 g）95%三氯异氰尿酸，通过搂耙和土壤掺匀，然后喷施除草剂。亩施都尔250 mL加水50～75 L，均匀喷雾。上覆70～80 cm宽地膜，以达到增温保墒的作用。

（2）定植。幼苗3叶1心期及时定植。定植前1 d瓜苗喷施0.3%～0.5%尿素作根外追肥，同时喷施70%甲基托布津800倍液。使瓜苗带药带肥进入大田，阻断病虫害通过幼苗传入田间。移栽应选择冷尾暖头的上午进行，随定植按穴浇稳苗水，用土填平定植穴，定植后扣小拱棚。株距60 cm，每亩定植650株左右。

4. 田间管理

（1）温度、湿度管理。定植后应密闭小拱棚，提升棚内温度、湿度，以促进缓苗。4月中旬视天气情况（或小拱棚内上午气温30 ℃时）扎孔放风，前期可隔1株扎1个放风口，以后随外界气温升高，放风口逐渐加大、加密，每株1个放风口。放风口应正对幼苗。在瓜蔓即将伸展的方向，并尽量靠近地面，以减少水分散失。4月下旬引蔓出棚，5月上旬撤去小拱棚。按一般地膜栽培管理。

（2）瓜蔓及幼果管理。采用三蔓整枝，在种植密度500株/亩时，可不整枝，只需将同株的瓜蔓聚拢朝同一方向摆放即可。第2朵雌花开放时，每日上午6～9时人工辅助授粉。种植无籽西瓜时应将节位适宜的雌花（第3、第4朵）全部人工授粉，增加单株坐瓜数，便于后期选瓜和定瓜。幼果坐稳后(幼果鸡蛋大小时)及时选果定果，以主蔓或长势较壮的侧蔓留果为主，每株留1个外形周正的幼果。

（3）肥水。由于基肥用量大，生长期除膨瓜肥外不再追肥。幼果坐稳后重施膨瓜肥，每亩追施复合肥15～20 kg。因有小拱棚保墒，定植时浇足缓苗水，生长前期一般不用浇水。如天气干旱，土壤墒情差，可顺种植畦两侧浇小水。第2雌花开放前3～5 d可顺种植畦浇1次水，保证雌花发育质量。避免授粉坐果期间浇水造成坐果困难。幼果坐稳后开始浇膨瓜水，以后每隔7～10 d浇1次，采收前10 d停止灌水。

（4）病虫害管理。苗期主要有立枯病、猝倒病，生长期主要有病毒病、叶枯病等；对西瓜为害严重的害虫主要有蚜虫、甜菜夜蛾等，具体防治方法详见本书第四部分。

5. 采收　果实应在八至九成熟时采收，严禁采摘生瓜上市。采收时为保持果实新鲜度，应保留坐果节位瓜蔓。

（五）露地西瓜—花生套种

西瓜套种花生栽培模式是一种西瓜、花生双丰收的栽培技术措施，豫东西瓜产区普遍推广应用。此方法简便易行，能够有效利用土地空间，提高资源的利用率，既不影响西瓜的产量，套种的花生还能获得较高的产量和经济效益（图3-12）。

图 3-12　露地西瓜—花生套种栽培

1. 育苗

（1）品种选择。在西瓜套种花生的种植模式中，由于西瓜的生长期内温度高、雨水多、空气湿度大、病虫害严重，因此应选择抗病、耐热、生长势强、耐运输、产量高的中晚熟西瓜品种。花生则宜选择当地主栽品种。

（2）播种育苗。一般选在3月下旬播种育苗，育苗方法详见本书第二部分。

2. 整地与定植

（1）整地。结合花生施肥需肥规律，确定施肥原则，西瓜施基肥采用宽沟南北向行施，沟宽0.6 m，沟深0.8 m。每亩沟施腐熟鸡粪3 000 kg，磷酸二氢钾25 kg、硫酸钾25 kg。花生的施肥结合花生耕种时施用。

（2）定植。3月底、4月初幼苗3~4片真叶时定植，西瓜种植密度控制在500 ~ 600株/亩，株距60 ~ 70 cm，行距2 m。定植前按株距，用打孔器打好孔，每孔放吡虫啉缓释片1片。西瓜定植后，插竹竿、搭小棚，棚高 20 ~ 30 cm。花生播种在5月中旬，每个西瓜坐瓜畦播5行花生，边行距离西瓜畦20 cm。

3. 田间管理

（1）水分。西瓜整个生长期浇水2 ~ 3次，西瓜伸蔓后叶片增多，日照时间长，需水量加大，需浇1次“伸蔓水”。当幼瓜长至拳头大小时，浇好膨瓜水，保证西瓜产量与品质和正常生长发育。以后可根据当时的气候和土壤墒情决定是否浇水，采收前1周停止浇水。

（2）追肥。追肥原则是慎施提苗肥、巧施伸蔓肥、重施膨瓜肥。追肥以速效肥为主。在施足底肥的情况下，非沙性土壤一般不施提苗肥，一般情况下主要进行2次追肥，伸蔓肥应以氮肥为主，辅以钾肥速效肥料，促进西瓜的营养生长，以保证西瓜丰产所需的发达根系和足够的叶面积的形成，一般追施尿素8 kg /亩、硫酸钾5 kg/亩或直接冲施西瓜专用冲施肥。第二次是在果实膨大期之前追施速效化肥，追肥应以钾、氮肥为主，有利于果实产量的形成和品质的改善。一般每亩追施尿素15 ~ 20 kg /亩，硫酸钾10 ~ 15 kg /亩。水肥管理应该根据当地的土壤气候条件、瓜秧长势合理控制，做到追控结合，灌排结合。

（3）放风。天地膜走向一般为南北方向，当天膜内温度超过35 ℃时，在天膜的一侧开口放风降温，随着气温升高，放风口随之加大。瓜蔓在天膜内沿种植行向伸长，在主蔓长20 ~ 30 cm时，把瓜蔓从天膜侧面的放风口引到膜外，基部的茎叶仍留在天膜内。5月中旬去除天膜，按地膜栽培进行管理。

（4）除草。西瓜整个生育期都需要进行除草，伸蔓期至坐果期根据草害发生数量可选择精喹禾灵等对西瓜无害的除草剂进行喷施，也可选择人工拔除，膨瓜期至收获期可根据情况进行人工拔除。

（5）顺蔓。西瓜套种花生不用整枝压蔓，但是顺蔓的措施是必不可少的，每株瓜苗只选择3条健壮的蔓，引向瓜畦内顺好，让卷须缠绕到花生植株上并伸展，其余瓜蔓在花生垄位置横向伸展，可防止杂草生长。

（6）人工辅助授粉。人工辅助授粉一般在晴天上午7～10时进行，选择当天开放且颜色鲜艳、花冠直径较大的雄花，去掉花瓣，将花粉轻轻涂抹在雌花的柱头上，要求选择子房肥大、无畸形、颜色嫩绿的雌花。一般1朵雄花可与2～4朵雌花授粉。

（7）选瓜和护瓜。一般在西瓜主蔓上留第2雌花结1个瓜，其余果实要及时摘除，以保证授粉幼瓜的营养吸收，使养分集中供给果实。在西瓜定个以后，每隔几天进行翻瓜，使果实圆整，色泽均匀。夏季瓜蔓生长速度快，坐瓜期不一致，不同时间授粉的幼瓜要有标记，以确定采摘时间。

（8）病虫害防治。西瓜生长期病害主要有病毒病、叶枯病等，主要害虫有蚜虫、甜菜夜蛾等，具体防治方法详见本书第四部分病虫害防治操作规范。花生主要为害为地下害虫，全生育期均可发生，可以用花生专用种衣剂拌种防治花生苗期地下害虫，或用90%的敌百虫晶体，亩施100 g随底肥施入。

4. 采收　生产中视运输远近而定采收标准，采收要按照坐瓜先后的标记分批采摘，并小心放置以防破碎。西瓜收获之后，及时清理掉西瓜残留瓜蔓，减少瓜蔓对花生生长的影响。

（六）露地西瓜—小麦套种

西瓜—小麦立体套种模式是一种西瓜、小麦双丰收的栽培技术措施，方法简便易行，能够充分利用土地的空间，提高资源的利用率，既不影响小麦的产量，套种的西瓜还能获得较高的产量和经济效益（图3-13）。

图 3-13　露地西瓜—小麦套种栽培

1. 育苗

（1）品种选择。西瓜品种应选择抗病、耐热、生长势强，高温条件下坐瓜性好、耐运输、产量高的早中熟品种。小麦应选用矮秆、早熟、高产抗倒伏的品种。

（2）种子处理。一般在4月上旬播种，播种前应对西瓜种子进行浸种催芽，加快西瓜种子萌芽过程，这对于加快西瓜出苗、保证出芽率具有重要的作用。

（3）苗床管理。西瓜出苗后要适当通风降温，防止幼苗徒长，白天温度保持在24 ~ 27 ℃，夜间保持在17~18 ℃，子叶展平后可适当提高温度，逐渐加大通风量，另外根据天气温度的实际情况，及时撤掉薄膜，促进幼苗生长，适当通风降温，防止幼苗徒长。

2. 整地与定植

（1）整地施肥。播种小麦前，亩施氮、磷、钾复合肥50 kg、优质农家肥3 000 kg作为基肥。播前深耕土地，达到“上虚下实”的待播状态，每4耧（约2.6 m）小麦预留1.5 m的套种行。2月在预留畦内亩施氮、磷、钾复合肥40 kg，施肥整地，耕翻后，做成中间低、两侧高的西瓜种植畦。

（2）定植。5月上旬，西瓜苗龄30 d左右进行定植，小麦田里预留的套种行内定植2行西瓜，株距为60 ~ 70 cm，种植密度450 ~ 550株/亩。定植前铺设好地膜，以便保温、保墒，并按株距用打孔器打好孔，每孔放吡虫啉缓释片1片，按株孔数散苗，定植，覆盖营养土，浇足团棵水。

3. 田间管理

（1）西瓜—小麦共生期管理。西瓜定植后小麦处于生长的后期，西瓜从苗期刚进入伸蔓期，两者需水不同。在对小麦浇水时，应尽量不浇到西瓜；若西瓜需要浇水，而小麦不需要水分，可在两行西瓜之间的浅沟内浇小水。如果西瓜长势过旺，应防止瓜蔓缠绕到小麦植株上，先让西瓜蔓顺行向伸展。小麦收获后，再进行引蔓。共生期应防止小麦害虫为害西瓜幼小植株，如小地老虎、蝼蛄、蛴螬、金针虫等，应尽早做好防治工作。

（2）顺蔓和整枝。小麦收获后，将预留行内定植的2行西瓜的瓜蔓引入瓜畦内顺好，让卷须缠绕到收割后的麦茬上并伸展。此模式的西瓜可采用多蔓整枝或不整枝。

（3）水肥管理。西瓜在幼苗期时生长缓慢、需水量小，可少量浇水，以促进根系发育。伸蔓期配合追肥进行浇水可促进幼苗健壮生长，此时大量浇水对小麦成熟影响不大。西瓜坐果前应控制浇水，以防止营养过旺导致落花落瓜，降低坐瓜率。膨瓜期是西瓜生长期中需水量最大的时候，如天气干旱应及时浇水，促进果实迅速膨大。西瓜定个后，果实生长速度减慢，要控制浇水，促进养分转化，改善果实品质，防止裂瓜。西瓜定植后气温较高，生长速度快，要及时追肥，并注意氮、磷、钾配合施用，防止偏施氮肥造成植株疯长，降低西瓜果实甜度。

（4）坐瓜翻瓜。一般在西瓜主蔓上留第2雌花结1个瓜，其余幼果要及时摘除，以保证授粉幼瓜的营养吸收，使养分集中供给果实。在雨天，要在西瓜与地面之间垫上一层草圈，以免西瓜果实被虫子咬烂或者因地面过于潮湿而导致果实的腐烂。在西瓜生长的中后期定期翻瓜，使果实圆整，色泽均匀。夏季瓜蔓生长速度快，坐瓜期不一致，不同时间授粉的幼瓜要有标记，以确定收获时的采摘时间。

（5）病虫害防治。在麦田套种的西瓜，其生长环境高温多雨，极易引起病虫害的发生。西瓜主要病害有枯萎病、炭疽病和病毒病等，害虫主要有地老虎、蚜虫、叶螨、斜纹夜蛾、瓜绢螟等。在夏季雨季来临时，西瓜炭疽病和病毒病会同时发生，具体防治方法参考本书第四部分。

4. 适时采收 根据运输远近而定采收标准，一般九成熟左右及时采收。成熟的西瓜特征还具有果面花纹清晰，表面有光泽，脐部、蒂部收缩，坐果节位卷须枯焦，果柄上茸毛稀疏或脱落等。

（七）露地西瓜—红薯套种

该种植模式可节约种植成本，提高土地利用率。据近几年统计，西瓜平均产值4 000元左右，红薯平均产值3 000元左右，亩收入7 000元左右，因效益可观，操作简单易行，很快得到大面积推广。该种植模式主要分布在豫东商丘、开封及豫南驻马店等地（图3–14）。

图 3–14 露地西瓜—红薯套种栽培

1. 育苗

（1）品种选择。

西瓜品种：选择品质优、丰产性稳的中晚熟品种。

红薯品种：选择早熟、短蔓型品种。

（2）种子处理。

西瓜种子处理详见第二部分内容。红薯种薯处理：将种薯用50%多菌灵可湿性粉剂1 000倍或70%甲基托布津可湿性粉剂稀释500 ~ 700倍浸泡10 min，药液可连续使用7 ~ 10 次。

（3）播种。

西瓜：3月上旬拱棚育苗，重茬地块种植采用嫁接苗，未种植过西瓜的地块可采用实根苗。一般采用穴盘基质育苗，早春温度低，可铺地热线，拱棚外加草苫即可。随着工厂化育苗的普及，也可直接向大的育苗场或信誉好的育苗公司预订商品苗。

红薯：3月底至4月初育苗，可采用酿热或铺设地热线的方法增加苗床内的温度。大小薯块要分开排放，并使上下端齐平，特别是薯块的上面要保持在同一个平面上，使覆土厚薄和受热一致，出苗整齐均匀，排种后，撒上细土填充薯块间隙，再用水浇透床土。水渗下后，撒3 cm左右沙土，摊平。随即盖上小拱棚封闭升温，夜间加盖草苫保温，苗床温度以不低于20 ℃为宜。

2. 整地与施肥

（1）整地做畦。2月下旬开挖瓜沟，开挖瓜沟用大型拖拉机后带专业开沟工具机械操作，瓜沟一般为东西走向，瓜沟上底宽40 cm，下底宽20 cm，沟深30 cm，瓜沟行距2 m。开完瓜沟后施肥，亩施充分腐熟的鸡粪或猪粪3～5 m^3，氮、磷、钾复合肥25 kg，施肥后用拖拉机犁翻封沟做畦，封土的高度一般为沟深的2/3，以保证西瓜定植后天膜在瓜沟内免受季风破坏。

（2）适时定植。

西瓜：定植时间为3月下旬，采用天地膜覆盖栽培。

红薯：5月上旬，开始定植红薯，在瓜沟两侧距离西瓜根系20 cm左右各定植1行红薯，两行呈三角定植。一般亩定植1 500株左右，定植时用直径1 cm的棍棒直接插孔定植，插孔一般从北向南斜插45°角，深度5 cm左右，定植入土的红薯秧一般以2个码为宜，这样的角度和深度红薯根部能最大限度接受光照，透气性强，利于红薯后期生长和块根膨大。

3. 田间管理

（1）水肥管理。

西瓜：田间管理与天地膜西瓜栽培管理相同。

红薯：红薯定植后，红薯中午叶不萎蔫，无须浇水，浇水过多，易沤根、烂根，还易引起徒长。西瓜收获结束后，瓜秧无须清理，红薯秧悬空自然长到枯死的瓜秧上，这样做的好处是避免了红薯气生根扎入土壤，起到自然通风透光作用，红薯生长中后期不再翻秧，可节省劳动力。

红薯秧苗生长旺盛时，在团棵期每亩使用15%的多效唑可湿性粉剂50 g，兑水50 kg进行叶面喷施，可起到预防作用。夏秋季节雨水较多时，应该注意做好田间排水工作。红薯生长中后期，对于叶面发黄、田间明显缺肥的地块，可以选择使用2%的磷酸二氢钾溶液或者红薯膨大素进行叶面施肥，增加叶子光合作用，促进根块膨大。

（2）病虫害防治。

西瓜：注意西瓜枯萎病、炭疽病、疫病等的防治，因和红薯共生，注意蚜虫、红蜘蛛、甜菜夜蛾的防治，具体防治方法参考本书第四部分。

红薯：病虫害主要有叶斑病、软腐病、蚜虫、黏虫、斜纹夜蛾等。在发病初期可以选择使用70%甲基硫菌灵1 000倍液加75% 百菌清1 000倍液，隔10 d防治1次，连续防治2～3次，药水喷足喷匀。害虫可用2.5% 溴氰菊酯乳油、20% 速灭相乳油1 500～2 000倍液、50%抗虫922乳油600～800倍液或5% 锐劲特悬浮剂 2 500倍液进行防控，效果显著。

4. 收获

（1）西瓜。西瓜果实应在八九成熟时采收，严禁采摘生瓜上市。采收时为保持果实新鲜度，应保留坐果节位瓜蔓。西瓜收获后瓜蔓自然干枯田间，以防止拉蔓对花生及红薯植株的损害。

（2）红薯。5月种植的红薯，最佳的收获时期在9月下旬或10月上旬，可根据市场行情灵活掌握。一般在地温18 ℃时就开始收刨红薯，在枯霜前收刨完毕。

（八）露地西瓜—小麦—辣椒—玉米套种

采用西瓜—小麦—辣椒—玉米一年四熟间作套种种植模式，能显著提高复种指数，增加经济收入。同时套种的一行玉米不但为辣椒起到遮阴降温作用，促进辣椒多开花、多结果、结大果，而且可诱集鳞翅目害虫集中产卵，便于集中防治，四种作物合计年总收入可达到6 000～7 000元/亩，经济效益显著（图3-15）。

图3-15　露地西瓜—小麦—辣椒—玉米套种栽培

1. 种植安排　田间一般5.5 m为1个种植带，小麦播幅4.0 m，播种18行小麦，预留西瓜行1.5 m，定植2行西瓜，2行西瓜中间栽种1行辣椒，小麦收获后在小麦种植畦中间点播1行玉米，形成较为合理的立体套种模式。

2. 育苗

（1）品种选择。

小麦：选择矮秆、早熟、高产抗倒伏的品种。

西瓜：选择中晚熟、高产、优质的有籽或无籽西瓜品种。

辣椒：选择耐高温、抗耐病毒病、生长势强、果大肉厚、结果集中、产量高的品种。

玉米：选择叶片直立、竖叶形，抗倒性好、抗病性强、产量高的的品种。

（2）种子处理。

小麦：播种前选晴天将小麦种子摊在席子上，厚度以5～7 cm为宜，连续暴晒2～3 d，直到牙咬种子发响为止。将硫酸锌50 g溶于适量水中，喷拌在50 kg麦种上，拌匀后堆闷4 h，晾干播种；或者将选好的麦种放入0.05%硫酸锌溶液中浸泡12～24 h，捞出晾干备播。

西瓜：种子处理参考本书第二部分。

辣椒：种子播种前要在通风弱光下晾晒1～2 d，并用55 ℃温水浸种催芽20～30 min。

玉米：播种前进行晒种，选择晴朗的天气，将种子平摊在干净的水泥地或席子上进行晾晒，晾晒过程中要经常进行翻动，以使种子晾晒均匀，一般晾晒2～3 d即可。然后用种衣剂进行包衣，要保证包衣均匀，包衣后将种子晾干备用。

（3）播种与苗期管理。

小麦：10月中旬左右适期播种，在小麦种植畦播种小麦18行，行距20 cm。小麦播种前，结合地下害虫的发生情况进行土壤药剂处理和药剂拌种等措施防治地下害虫，确保小麦一播全苗。

西瓜：于4月上中旬进行育苗，育苗期间应采取苗床肥水管理及除草、防病、通风炼苗等措施，确保西瓜以壮苗移栽。具体方法详见本书第二部分。

辣椒：多在4月上中旬采用小拱棚育苗。苗床应选择排灌方便、通风良好、有机质丰富的地块，育苗前深翻施足底肥，耙平，并对苗床用50%福美双可湿性粉剂进行消毒处理。在苗床浇足底墒水后即可均匀播种，播种后用无病菌污染的过筛营养土进行均匀覆盖，然后用小拱棚覆盖。辣椒出苗后要加强苗床的肥水管理，及时防治苗期病害，注意通风炼苗，确保辣椒移栽前达到壮苗的要求。

3. 施肥与定植

（1）施足底肥，整地做畦。选择地势平坦、排灌方便、土壤有机质含量高、土壤肥沃的沙质壤土。小麦播种前进行精耕细作，并结合深耕，每亩施有机肥2 500～3 500 kg，小麦专用复合肥40～50 kg，然后耕平做畦，待播小麦。预留的西瓜行在冬前进行深耕，可有效冻死在土壤中越冬的地下害虫和土传病菌，并可把部分草籽翻入深层中，减少草籽的发芽率，有效降低草害的发生程度。2月在预留畦内按每亩氮、磷、钾复合肥40 kg施肥整地，耕翻后，做成中间低、两侧高的西瓜种植畦。

（2）适时定植。

西瓜：在苗龄30 d左右时进行移栽，一般应选择在5月上中旬，两行西瓜间距0.8～1.0 m，株距0.5～0.6 m，每亩栽西瓜500～600株。移栽前，地面先喷洒异丙甲草胺等除草剂进行封闭除草，再铺上2 m的地膜，然后移栽西瓜。

辣椒：苗龄达到4～5片叶子时，在5月中下旬移栽到两行西瓜中间，要选择全天阴天时移栽，若晴天要在16时以后进行移栽，穴距0.3～0.5 m，每穴2～3株。移栽时剔除病苗、弱苗，尽量多带土移栽，边移栽边浇水。全部移栽完成后及时浇透水，确保移栽苗的成活率。

玉米：小麦收获后及时人工点播，在小麦种植畦中间偏向下一行0.5～1.0 m处人工点播1行玉米，穴距0.25～0.30 m，每穴3～4粒种子，每亩播玉米700～900穴。玉米出苗后，每穴留玉米苗2～3株。点播玉米后，结合土壤墒情及时浇水，促使玉米早出苗、出齐苗、长壮苗。

4. 田间管理

（1）小麦田间管理。

1）肥水管理。小麦生育期间，应加强肥水管理。冬前和返青期要结合小麦田杂草发生情况，及时喷除草剂防治杂草，并进行2～3次中耕除草，破除板结，增温保墒，确保小麦健壮生长。小麦越冬期要视苗情、墒情，浇好越冬水，确保小麦以壮苗安全越冬。小麦返青拔节期要及时追施返青拔节肥，浇足返青拔节水，确保小麦返青拔节期对肥水的需求。

2）防止小麦倒伏和贪青晚熟。小麦返青拔节期，要结合小麦的长势情况，及时用多效唑等植物生长调节剂进行化控，控制小麦基部节间的生长，提高小麦的抗倒伏能力，防止小麦中后期大面积倒伏。

小麦中后期管理应掌握少施氮肥、少浇水的原则，严防小麦生长后期贪青晚熟。

3）注意防止干热风。小麦生长中后期易遭受到干热风的为害，造成小麦提前成熟、籽粒瘦秕、千粒重下降，严重影响小麦的产量和品质，因此要注意预防。可结合天气预报，在干热风来临之前喷洒磷酸二氢钾等叶面肥，确保小麦中后期健壮生长。

（2）西瓜田间管理。西瓜移栽后新生3～4片真叶时进行培土，并理蔓使其向同一方向的小麦播幅中生长，除主蔓外，留主茎基部生长的1条健壮侧蔓，双蔓整枝，其余侧蔓全部去掉。坐瓜期间应辅以人工授粉，确保西瓜及时坐瓜，成熟一致。田间管理注意浇好膨瓜水，追施膨瓜肥，可于西瓜鸡蛋大小坐稳时，亩施膨瓜肥15～20 kg，并视墒情合理浇水，注意西瓜成熟前一周左右停止浇水。

（3）辣椒田间管理。因整地时已施入足够的基肥，所以在辣椒生长过程中一般不再需要追施肥料，如缺肥严重，可采用叶面追肥的方法进行喷施。天气干旱时要及时浇水，但切忌大水漫灌。要及时摘除门椒及门椒以下的腋芽，促进养分向上输送，促进植株营养生长和生殖生长协调，确保辣椒多结果、结大果，提高产量和品质。

（4）玉米田间管理。玉米在生长发育过程中，要追好2次肥，第1次应在玉米小喇叭口期，采用穴施的方法，每亩追施尿素15～20 kg；第2次在玉米抽雄散粉期，每亩追施尿素20～25 kg。同时注意浇水，防止干旱。在玉米授粉期可进行人工辅助授粉，保证玉米授粉完全，防止玉米秃尖、缺粒等授粉不均匀的现象，确保玉米高产、稳产。

5. 病虫害防治

（1）小麦病虫害防治。为害小麦的主要病害有小麦纹枯病、白粉病、锈病、赤霉病等，主要害虫有小麦蚜虫、红蜘蛛等，要结合小麦病虫害的田间发生情况，及时进行化学防治，确保把小麦病虫害的为害降到最低，保证小麦高产稳产。

（2）西瓜病虫害防治。5～6月，常常是干旱少雨的天气，此时正是西瓜移栽后的生长前期，蚜虫、红蜘蛛等害虫时常发生，尤其是蚜虫，不但能直接为害西瓜，影响西瓜的正常生长发育，而且蚜虫通过刺吸西瓜的营养汁液，间接传播西瓜病毒病，严重影响西瓜的产量和品质。要结合西瓜田间蚜虫和红蜘蛛的发生情况，及时用吡虫啉等高效、低毒、安全可靠的农药进行防治。未嫁接的西瓜，要注意防治西瓜枯萎病等病害的发生，具体防治方法参考本书第四部分。

（3）辣椒病虫害防治。辣椒主要病害有病毒病、炭疽病、疫病等，主要害虫有蚜虫、烟青虫、棉铃虫、玉米螟等，要结合田间病虫害的发生情况，及时进行防治。

（4）玉米病虫害防治。因套种的一行玉米属高秆作物，可为辣椒起到遮阴降温的作用，促进辣椒多开花、多结果，但是也起到了诱集带的作用，可诱集棉铃虫、烟青虫、玉米螟等鳞翅目害虫的集中产卵，因此对玉米的为害非常严重，要注意集中重点防治。一是在玉米喇叭口期用辛硫磷等颗粒剂进行丢心，防治玉米螟、棉铃虫等害虫；二是结合蚜虫、红蜘蛛等害虫的田间发生情况，及时进行喷雾防治。既可防治害虫对玉米的为害，又可减轻对辣椒的为害程度。同时注意防治玉米大小斑病、圆斑病、锈病、青枯病等病害的为害。

6. 采收

（1）小麦收获。小麦在蜡熟末期及时收获。机械化收获小麦时，应注意尽可能减少对套种作物的损害。

（2）西瓜采收。视销售距离远近，合理确定采收标准，一般在九成熟采收最好。

（3）辣椒采收。辣椒的采收要结合成熟度和市场行情，适时采收上市，以获得更好的经济效益。

（4）玉米采收。当玉米粒乳线完全消失或植株的绿色叶片达到5片以下时，及时收获。

（九）设施厚皮甜瓜

河南省厚皮甜瓜种植模式以大中棚为主，有少量日光温室主产区分布在豫北滑县、濮阳及豫南西华等地区，平均产量3 500 kg/亩以上，收入12 000元/亩，经济效益稳定，在农业种植结构调整中具有重要作用（图3-16）。

1. 品种选择 选择成熟早、品质优、耐低温、耐弱光、高产、抗

图 3-16 厚皮甜瓜保护地栽培

病，适合市场需求的厚皮甜瓜品种。

2. 播种育苗

（1）育苗设施。冬季一般在下沉式日光温室育苗，温室内宜建电热温床、火道温床。

（2）营养土配制。肥沃田土60%和腐熟厩肥40%，过筛混合。1 m^3营养土中加入尿素和硫酸钾各0.5 kg，磷酸二铵2 kg，50%多菌灵可湿性粉剂80 g，拌匀备用；也可直接使用商品基质进行穴盘育苗。具体方法参考第二部分。

（3）浸种催芽。将种子放入55 ~ 60 ℃温水中，在搅拌下使水温降至30℃左右，浸种3 ~ 5 h。将种子取出后用0.2%的高锰酸钾溶液消毒20 min，清水洗净，用湿布包好，在28 ~ 30 ℃条件下催芽。催芽前可用50%多菌灵500 ~ 600倍液浸种15 min，可预防真菌性病害；或用10%磷酸三钠溶液浸种20 min，可预防病毒病。

（4）播种。播种前4 ~ 5 d，苗床上排好营养钵，浇透水，然后覆盖地膜，加盖小拱棚，提前加温。当地温稳定在15 ℃以上时播种，每个营养钵或穴孔上播1粒发芽的种子，覆土1 ~ 1.5 cm厚。

3. 整地施肥

（1）施基肥。结合整地亩施腐熟的圈肥5 ~ 6 m^3，腐熟畜禽粪便2 000 kg，过磷酸钙50 kg。做垄前，于垄底撒施三元复合肥60 kg，或

磷酸氢二铵40 kg、硫酸钾20 kg。

（2）整地做垄。定植前10～15 d，日光温室或塑料大棚设施内浇水造墒，深翻细耙，整平，起垄，在垄上铺设滴灌管，覆盖地膜。日光温室覆盖草苫要昼揭夜盖，提高设施内的温度。按小行距60～70 cm、大行距80～90 cm的不等行距做成马鞍形垄，垄高15～25 cm。

4. 栽培设施　以日光温室、塑料大棚为主。一般要求棚体坚固，棚内可以进行多层覆盖，以促进甜瓜提早上市。

5. 定植

（1）定植时期。甜瓜定植适宜苗龄为30～35 d，3叶1心。日光温室或大棚内10 cm地温稳定在15 ℃以上定植，定植宜在晴天上午进行。

（2）定植方法。按株距用打孔器打孔定植，打开滴灌浇水，然后覆土。大果型品种每亩种植1 700～1 800株，小果型品种每亩种植2 000株。

6. 田间管理

（1）温度管理。出苗前，苗床气温保持白天28～32 ℃，夜间17～20 ℃；出苗后适当降温。定植前7 d，降低苗床温度进行蹲苗、炼苗。定植后，维持白天室温30 ℃左右，夜间17～20 ℃，以利于缓苗。开花坐瓜前，白天室温25～28 ℃，夜间15～18 ℃，室温超过30 ℃放风。坐瓜后，温度控制在白天28～32 ℃，不超过35 ℃，夜间15～18 ℃。

（2）整枝与授粉。植株采用单蔓整枝、吊蔓栽培。主蔓在27节左右打顶。选择晴天打杈。一般在主蔓第12～17节开始留子蔓结瓜。预留节位的雌花开放时，于上午9～11时，用当天开放的雄花授粉。当幼果长到鸡蛋大小时，小果型品种每株留2个瓜、大果型品种每株只留1个瓜，摘除多余幼瓜。当幼瓜长到250 g左右时，及时吊瓜。为提高甜瓜品质可进行套袋生产，选用无公害蔬菜生产专用塑料包装袋（图3–17）。

图 3-17　整枝与授粉

（3）肥水管理。定植后至伸蔓前控制浇水。伸蔓期亩施尿素15 kg、磷酸二铵10 kg、硫酸钾5 kg，随水冲施。开花至坐果期间控制浇水。定瓜后，每亩可追施硫酸钾10 kg、磷酸二铵20～30 kg，随水冲施。此肥水后，隔7～10 d再浇一次大水，至采收前10～15 d停止浇水。生长期内可叶面喷施2～3次0.3%磷酸二氢钾。

7. 病虫害防治

主要病虫害。病害主要有猝倒病、立枯病、蔓枯病、白粉病、霜霉病、黑斑病、菌核病、疫病、炭疽病、枯萎病、灰霉病、细菌性角斑病、细菌性果斑病、细菌性软腐病、病毒病等。害虫主要有瓜蚜、美洲斑潜蝇、瓜绢螟、斜纹夜蛾、瓜叶螨、烟粉虱、地老虎、蛴螬、蝼蛄等。具体防治方法参考本书第四部分。

8. 采收

（1）果实成熟度的判断。根据授粉日期和品种熟性及品种成熟特征确定采收期。果实长到一定大小，果皮颜色充分变深（深色品种）或变浅（浅色品种）或充分褪绿转色（转色品种），果实表面光滑发亮，茸毛消退，干燥色深，果皮坚硬，手指甲入掐困难，瓜柄发黄或自行脱落（落蒂品种），结瓜节位上的叶片叶肉部分失绿斑驳、卷须干枯，成熟瓜能够散发出很浓的芳香气味。

（2）采收时间。采收的适宜时间为上午。上午收瓜，瓜的含水量高，果肉清脆，口感好，同时瓜色鲜艳，外观美观。收瓜要在瓜秧上的露水消失后开始，不要带水收瓜，防止染病烂瓜。

（3）采收包装。收瓜时用剪刀将结果枝的枝节剪下，形成“T”字形，收好的瓜要及时运到阴凉的地方存放，不要放在阳光下暴晒。采收后及时清洁瓜面，贴上商标，严格分级，包装。

（十）设施网纹甜瓜

网纹甜瓜外形美观、风味独特、品质优良，备受消费者喜欢，属于高档果品之一，因其稳定的经济效益，设施种植面积在全国逐年扩大，已成为莘县、濮阳、滑县、兰考等地的主要栽培品种类型。网纹甜瓜对栽培技术要求严格，水分、肥料、温度等环节管理不当就会影响网纹分布，出现光皮瓜或裂果，严重影响果实的商品性，导致经济效益下降。规范化操作可解决河南省内网纹甜瓜生产中种植户大水大肥、生长调节剂滥用、生瓜上市等问题，改善目前市场上网纹甜瓜果实商品性差、“甜瓜不甜”等现象，保证上市果品的品质，提高种植者的经济效益，促进网纹甜瓜产业持续健康发展（图3–18）。

图 3–18　网纹甜瓜保护地栽培

1. 育苗

（1）品种选择。选择通过品种登记的适宜相应茬口的优良品种，冬春季生产应选择耐低温弱光性强的品种，夏秋季生产应选择耐湿和抗裂的品种。

（2）育苗设施。选用温室、塑料大棚等设施。冬季育苗应采用有加温设备的温室，也可铺设电热线，制作电热温床；春季可采用多层覆盖或加保温被；夏季可选用配有防虫网、遮阳网的塑料大棚。

（3）基质。可选用商品基质，也可选用质轻、透气性好、保水性良好、含有一定量有机物质和矿物质元素的材料配制，一般用草炭、蛭石及珍珠岩按3∶1∶1的体积比混匀。

（4）容器。育苗要采用不超过72孔的穴盘。

（5）种子处理。将种子置于55 ℃温水中，搅拌、自然冷却后，继续浸种3～4 h后捞出洗净，用干净无色的湿棉布包好，置于30 ℃恒温箱中催芽至露白。

（6）播种。将露白种子播种于浇足底水的装有基质的穴盘中，每穴1粒，覆盖1 cm厚的基质，播种后床面覆盖地膜，当70%幼苗顶土时及时撤除地膜。

（7）苗期管理。

1）温度。播种至齐苗期间棚内白天温度控制在28～30 ℃，夜间控制在20～22 ℃；齐苗至第1真叶展开期间棚内白天温度控制在25～28 ℃，夜间控制在18～20 ℃；第1片真叶展开后，白天应逐渐通风，定植前5～7 d进行炼苗，白天的温度不超过20 ℃，夜间保持在8～10 ℃。

2）湿度。设施内相对湿度宜保持在70%～80%。

3）水分。含水量保持在最大持水量的60%～70%。

（8）壮苗标准。幼苗2叶1心至3叶1心，子叶完整，株高10～12 cm，茎粗0.5 cm以上，无病虫害。

2.定植

（1）设施类型选择。冬春季生产采用日光温室或塑料大棚，夏秋季生产一般采用塑料大棚。

（2）整地做畦。定植前15 d耕翻土壤，深度15～20 cm，将土壤耙细后做畦。冬春季采用一垄双行或单行定植，一垄双行垄宽100 cm，垄高15～20 cm，沟宽60 cm；单行定植垄宽60 cm，垄高20～30 cm，沟宽40 cm。做畦后铺设滴灌管，盖上地膜。结合整地，把基肥施入定植沟内，亩施腐熟有机肥2 000～3 000 kg，三元素复合肥（氮：磷：钾=15：15：15）50 kg。

（3）浇水。定植前苗床内浇透水。

（4）定植。

1）定植时间。冬春季一般2月上旬至4月上旬定植，棚内10 cm地温稳定在15 ℃以上时即可定植；夏秋季一般在7月中下旬至8月上旬定植。

2）定植密度。密度根据品种和茬口有所不同，单行种植株距40 ～45 cm，每亩种植1 800～2 000株，双行种植株距35～40 cm，每亩种植1 700～1 900株；定植深度以营养土块的上表面与垄面平齐为宜，定植后及时浇足水。

3. 田间管理

（1）温度。定植后生育期内，设施内白天温度控制在28～35 ℃；定植到开花坐果期夜间温度控制在18～20 ℃，果皮硬化到网纹形成初期，夜间温度以12～15 ℃为宜；网纹形成初期到网纹形成结束，夜间温度保持在15～18 ℃；网纹形成结束到采收，夜间温度控制在15～20 ℃。

（2）湿度。定植到果实膨大期，相对湿度控制在75%～85%；果实膨大到网纹形成，相对湿度控制在80%～85%；网纹形成后到采收，相对湿度控制在65%～75%。

（3）水分。定植时浇足底水，生长期中午植株叶片刚开始萎蔫时，及时补水；结果前期（约鸡蛋大时）适当控水，坐果后15～20 d，适当增加灌水量；网纹形成期间，适当控水；采收前7～10 d停止浇水。

（4）追肥。可采用肥水一体化设备，在伸蔓初期追施一次速效氮肥5 kg/亩，幼果膨大期（约鸡蛋大时），追施高钾复合肥15～20 kg/亩，网纹形成期追施硫酸钾型复合肥5～10 kg/亩，同时也可叶面喷施

0.2%～0.3%的磷酸二氢钾。

（5）整枝。采用吊蔓栽培，当蔓长达到7～8片真叶时，及时绑蔓。一般采用单蔓整枝，将主蔓8～12节上的子蔓留作结果蔓，结果蔓留2叶摘心，其余子蔓全部摘除，主蔓24～25节摘心。根据品种特性和植株长势，冬春季栽培可留2茬果，一般与1茬果间隔10节以上再留1果（图3-19）。

图 3-19　整枝

（6）授粉与留果。可采用人工授粉或蜜蜂授粉。温度较低时，也可采用0.1%氯吡脲或0.1%噻苯隆稀释150～250倍液辅助坐果。当果实鸡蛋大小时，每个结果蔓选留生长健壮、果型周正、无病虫害的幼果1个，并做标记（图3-20）。

图 3-20　授粉与留果

4. 病虫害防治 预防为主，综合防治，优先采用农业防治、物理防治、生物防治，药剂防治为辅。主要病害有蔓枯病、枯萎病、白粉病、疫病、霜霉病、检疫性病害（病毒病、细菌性果斑病）等；主要害虫有蚜虫、瓜绢螟、白粉虱、红蜘蛛等，具体方法详细参见第四部分。

5.采收 可根据品种特性，按果实成熟天数作标记采收，或以坐瓜节位叶片焦枯为标志采收，采收时选择晴天上午，叶面水分干后进行，果柄上保留一段侧蔓形成“T”字形。

（十一）设施薄皮甜瓜

薄皮甜瓜芳香浓郁，甘甜如蜜，深受消费者的喜爱，是果品市场畅销的水果之一。近年来，随着设施农业的迅猛发展，薄皮甜瓜作为保护地种植的高效益主要瓜菜作物之一，栽培面积逐年增加。河南省冬春茬薄皮甜瓜一般亩收益在3万元以上，给当地种植户带来较好的经济效益和社会效益（图3-21）。

图 3-21 薄皮甜瓜保护地栽培

1. 品种选择 要选择抗逆性强、耐低温性好、早熟、瓜形正、坐果率高的品种。

2. 播种育苗 薄皮甜瓜生长势弱，在设施条件下抗逆性差、易早衰，需要嫁接换根栽培。砧木一般选用白籽南瓜。育苗时期与嫁接方法参考本书第二部分。

3. 整地做畦 每亩撒施充分腐热的有机肥3 000 ~ 5 000 kg或适量

的生物菌肥，硫酸钾三元复合肥60 ~ 100 kg，深翻土壤30 ~ 40 cm，将土壤与肥料耙压、混匀整平。按垄距70 ~ 80 cm，垄台高20 cm，南北向起垄覆膜准备定植。

4. 栽培设施 冬春季生产采用日光温室或塑料大棚，棚体结构要达到吊覆的要求。

5. 定植

（1）定植前准备。提早扣棚升温，扣棚时间与定植时间相距30 d。大棚栽培采用多层覆盖，即大棚膜+天幕+小拱棚+地膜，多层覆盖比单膜大棚可提早定植20 d以上。定植前15 d扣大棚膜，提高地温。定植前5~7 d 挂天膜，选用厚度0.012 mm 的聚乙烯流滴地膜。

（2）定植。选择晴天上午定植，在定植前注意收听天气预报，要求定植前后2~3 d内无寒流，定植后有3 d晴天。定植密度每2 200 ~ 2 500株/亩。定植时需平坨栽培，禁止散坨。定植后用厚度0.012 mm 的聚乙烯流滴地膜扣小拱棚。

6. 田间管理

（1）肥水管理。定植后7 d左右浇1次缓苗水，水量掌握上垄台。当第1茬大多数瓜长至鸡蛋大小时，亩施三元素复合肥20 ~ 25 kg，加适量生物菌肥，从膨瓜到成熟应根据土壤墒情、植株长势适量追肥浇水，切忌忽干忽湿，以防裂瓜，采收前7 ~ 10 d停止浇水。第2茬和第3茬瓜依照第1茬瓜进行施肥管理。

（2）植株管理。可采用单蔓或双蔓整枝，生产中多采用单蔓整枝法，主蔓长至20 cm 长时吊蔓，长至25~28片叶摘心，在10~13 节选留子蔓留瓜，结果枝子蔓的雌花前面留1 片叶摘心，头茬瓜根据植株长势可每株留2~4 瓜，10 节以下与14~20 节的子蔓全部去掉，在23~25 节子蔓开始选留2 茬瓜。

7. 病虫害防治 按照“预防为主，综合防治”的植保方针，坚持以“农业防治、物理防治、生物防治为主，化学防治为辅”的无害化防治原则。

（1）选用抗病品种。针对主要病虫控制对象，选用高抗多抗的品种。

（2）生态防治。主要是控制好温室的温度和空气温度，创造适于甜瓜生长发育而又不利于病害发生的环境条件，调节好不同生育时期的适宜的温度、湿度，避免低温和高温障碍。

（3）设施防护。温室放风口用防虫网封闭，减轻害虫的侵入。

（4）黄板诱杀。室内悬挂黄色黏虫板或黄色板条（25 cm × 40 cm），其上涂一层机油，每亩悬挂30 ~40块。

（5）清洁田园。及时清除病虫叶、果和植株杂草，集中深埋或烧毁，进行无害化处理，保持田间清洁，减轻病虫害发生。

（6）化学防治。各农药品种的使用严格遵守安全间隔期，尽量交替用药。甜瓜采摘前7 d停止喷药，采摘前3 d停止烟剂熏蒸。主要病虫害防治方法参考本书第四部分。

8. 采收 甜瓜以九成熟时采收最好，此时甜瓜色泽好、口感甜、香味浓郁，商品价值高。远距离销售要根据外界的气温高低和路途的远近，做好调整采收上市。

（十二）露地薄皮甜瓜

露地栽培为薄皮甜瓜传统栽培模式，目前生产中有直播和育苗移栽两种方式，其特点是栽培投入成本低、易管理，是农民短期增收致富的一个最佳选择（图3–22）。

图 3–22　薄皮甜瓜露地栽培

1.品种选择 露地栽培正值高温、多雨季节，应选择耐高温、易坐果、抗病性强、高产优质的品种。

2.播种期与定植期 露地直播播种期一般可安排在晚霜期过后，地温稳定在15 ℃以上，一般在4月底至5月初。采用育苗移栽时，应以10 cm地温稳定在13 ~ 15 ℃以上时定植，一般 3月中下旬育苗，4月下旬定植，育苗方法参考本书第二部分。

3. 整地做畦 整地时以优质有机肥、常用化肥、复混肥等为主，忌用含氯肥料；在中等肥力条件下，结合整地亩施优质有机肥3 000 ~ 5 000 kg、磷酸二铵50 kg、硫酸钾50 kg，其中60% 普施，剩余40% 和化肥混匀后集中沟施。按垄距100 cm起垄，做成宽30 cm、高20 cm南北向高垄，垄面整平，于定植前7 ~ 10 d覆盖地膜。

4.播种 采用地膜覆盖栽培，播种方式有两种：一是先盖膜后播种，二是先播种后盖膜。直播时可以用干籽、湿籽或发芽籽。干籽适应性强，可提早播种。播发芽籽，可使出苗快、成苗率高。直播一般每亩用种量20 ~ 25g，行、株距一般为100 ~ 168 cm、50 ~ 67 cm，定植密度1 200 ~ 1 400 株/亩。直播时每穴播籽5 ~ 7 粒或播出芽籽3 ~ 4 粒，播种时将种子均匀摆开，然后覆盖细土2 ~ 3 cm厚。如土壤较潮湿，干籽穴播后用手压实即可。如湿籽或用发芽籽穴播的先浇水，待水渗下后再播种，再覆盖细土，但不能压实。

育苗移栽时，定植前先覆地膜，按株距预定在膜上打孔。当苗龄30 ~ 35 d、4 ~ 5片真叶时即可定植。采用二水定植法，即开定植穴，穴深8 ~ 10 cm。每穴先灌一遍水，水渗后再灌水，随灌水，随栽苗，随覆土。水渗后覆土，将膜口对好用土压严，嫁接苗的切口不能离地面太近，更不能埋入土中。

5. 中耕松土 北方旱地栽培要重视中耕松土，幼苗出土后应进行多次中耕除草，一般进行2 ~ 3 次。

6. 植株调整

（1）整枝。露地栽培常采用多蔓整枝法，即在4 ~ 6片真叶时对主蔓摘心，然后选留3 ~ 4根健壮子蔓，均匀引向四方，其余摘除。待子蔓长出7 ~ 8片叶时对其摘心，促进孙蔓的萌发和生长。孙蔓结果后，每根孙蔓留3～4片真叶摘心，促果实发育。

（2）授粉、留果。可采用蜜蜂授粉或人工辅助授粉。一般每株留果4～6个，个别品种可留10个以上，其余花果，应及时疏去。当果实膨大后，营养生长变弱时，停止摘心。基部老叶易于感病，应及早摘除，还可疏去过密蔓叶，以利通风透光。

7. 水肥管理

（1）浇水。主要抓好四水：一是定植水，一般要浇穴，水量不宜过大，否则会降低地温，且易烂根。二是缓苗水，定植后5～6 d轻浇第1水，促进根系生长，利于缓苗。三是催蔓水，在追肥的第1个时期，随追肥一起进行。四是膨瓜水，在果实旺盛生长时期，需水量大，应加强灌水，满足果实发育的需要。在果实进入成熟阶段后，主要进行内部养分的转化，对水肥要求不严。采收前1周停止浇水，否则会降低果实的品质，并推迟成熟期。

甜瓜的地下部分要求有足够的土壤湿度，苗期到坐果期应保持最大持水量的70%，结果前期和中期保持80%～85%，成熟期保持55%～60%。甜瓜地上部分要求较低的空气湿度，相对湿度以50%～60%为宜。若长期70%以上，则易受病害。因此栽培上要求地膜覆盖，膜下暗灌。

（2）追肥。薄皮甜瓜连续结瓜能力强，对肥料需求较多，且持续时间长，因此需要追肥。每亩追施碳铵10～15 kg或硝酸磷肥10 kg，开花坐果后追施硫酸钾20 kg，进入膨大期追施磷酸二铵40～50 kg，促进果实的发育和成熟。后期宜叶面喷肥，每隔5 d喷1次0.3～0.4%磷酸二氢钾液，连喷2～3次。

8.病虫害防治　苗期病害主要有猝倒病、沤根，生长期有炭疽病、蔓枯病及白粉病，结果期有细菌性果斑病。害虫主要有白粉虱、蚜虫、红蜘蛛、茶黄螨等。病虫害防治关键应贯彻“预防为主，综合防治”的植保方针，各农药品种的使用要严格遵守安全间隔期。具体防治方法参考本书第四部分。

9.采收　甜瓜早熟或特早熟品种一般从开花受粉至果实成熟在22~32 d，当瓜有香味、有甜度，切开见种子较饱满时，说明瓜已成熟。头批瓜采收后应及时追肥水1次，亩施三元复合肥20 kg、硫酸钾10 kg、尿素5 kg，保持后茬瓜迅速生长所需养分。同时，及时摘除植株老叶和没有坐果的无效侧枝，促使后茬瓜丰产。

四、西瓜、甜瓜病虫害绿色防控技术操作规范

（一）土传病害

土传病害是以土壤为介质进行传播的真菌、细菌和病毒等病原体，在条件适宜时发生在植物根部或茎基部的病害，是为害西瓜、甜瓜的主要病害。一般情况下，发病后即便前茬作物全部铲除，也难以根除，病菌藏在土壤中越冬，连作植物受到前茬作物影响，土壤里有害菌大量繁殖，营养元素缺乏，后茬作物生长受到影响，病害越来越严重，生长前期一旦发生病害，幼苗根腐烂或是茎腐烂猝倒，幼苗很快就会死亡；生长后期发生病害，一般年份减产20%~30%，严重年份减产50%~60%，甚至绝收。西瓜、甜瓜主要土传病害种类主要有枯萎病、立枯病、猝倒病、疫病、根腐病、蔓枯病、菌核病、根结线虫病等。

1. 常见土传病害为害症状

（1）立枯病。以苗期为主，育苗床发生较为严重。幼苗茎基部产生椭圆形暗褐色病斑，早期病苗白天萎蔫，早晚恢复，病部逐渐凹陷，扩大绕茎1周并缢缩干枯，最后植株枯死。由于病苗大多直立而枯死，常与猝倒病相伴发生（图4–1）。

图4–1 立枯病

（2）猝倒病。以苗期为主，育苗床发生较为严重。近土面的胚茎基部开始有黄色水渍状病斑，随后变为

黄褐色，干枯收缩成线状，子叶尚未凋萎，幼苗猝倒（图4–2）。

图 4-2　猝倒病

（3）疫病。全生育期均可发病。叶片产生暗绿色近圆形水渍状较大病斑，边缘不明显，后为青白色，易破碎；有时叶片萎蔫；茎产生蔓暗绿色水渍状病斑，潮湿时变褐色腐烂，病部环绕缢缩，受害部位以上茎叶枯死；果实产生近圆形凹陷病斑，潮湿时病部有白色霉层（图4–3）。

图 4-3　疫病

（4）枯萎病。全生育期均可发病，以结瓜盛期发生较为严重。发病初期少数叶片在白天呈失水状凋萎，夜间恢复；后期叶片凋萎、褐色，植株死亡；病株基部粗糙变褐色，常有纵裂，裂口处有红色胶状物溢出；纵刨病茎，可见微管束呈黄褐色（图4-4）。

图 4-4　枯萎病

（5）根腐病。可分为腐霉根腐病和疫霉根腐病。腐霉根腐病受害根及茎部初呈现水浸状，茎缢缩不明显，病部腐烂处的维管束变褐色，不向上发展，后期病部往往变糟，留下丝状维管束；疫霉根腐病发病初期于茎基或根部产生褐色斑，严重时病斑绕茎基部或根部1周，纵剖茎基或根部维管束不变色，不长新根，致地上部逐渐枯萎而死。两者病株地上部初期症状不明显，后叶片中午萎蔫，早晚尚能恢复。严重的则多数不能恢复而枯死（图4-5、图4-6）。

图 4-5　腐霉根腐病

图 4-6　疫霉根腐病

（6）蔓枯病。从伸蔓期到坐果期均易发病，嫁接苗的发病相对较重。叶片初呈黄褐色圆形病斑，叶缘病斑多成“V”字形，老叶上有小黑点，茎蔓受害呈椭圆形黄褐色病斑，密生小黑点，常流胶；果实上出现油渍状小斑点，后变为暗褐色，中央部位呈褐色枯死状，内部木栓化，病果上形成小黑粒（图4–7）。

（7）菌核病。整个生育期均可发病。茎蔓初为水浸状斑点，后变为浅褐色至褐色，当病斑环绕茎蔓1周以后，受害部位以上茎蔓和叶片失水萎蔫，最后枯死。湿度大时，病部变软，表面长出白色絮状霉层，后期病部产生鼠粪状黑色菌核；果实发病多在脐部，受害部位初呈褐色、水浸状软腐，不断向果柄扩展，病部产生棉絮状菌丝体，果实腐烂，最后在病部产生菌核（图4–8）。

图 4-7　蔓枯病

图 4-8　菌核病

（8）根结线虫病。全生育期均可发病，发育后期发病较重。主要为害根系，在侧根或须根上产生大小不等的葫芦状浅黄色根结。解剖根结，病组织内部可见许多细小乳白色洋梨形线虫。根结上一般可长出细弱的新根，以后随根系生长再度侵染，形成链珠状根结；田间病苗或病株轻者表现叶色变浅，中午高温时萎蔫。重者生长不良，明显矮化，叶片由下向上萎蔫枯死，地上部生长势衰弱，植株矮小黄瘦，果实小，严重时病株死亡（图4–9）。

图 4-9　根结线虫病

2.土传病害的发生与流行规律

病菌以分生孢子、菌丝体随病残体在土壤中越冬，或分生孢子附在种子表面或以菌丝体潜伏于种皮内部越冬，成为第2年的初侵染来源；温度、湿度条件适宜时，病菌在田间引起初侵染；越冬及新产生的分生孢子通过流水、雨水、农事操作等传播，从气孔、伤口或从表皮直接侵入寄主。

由于连年种植一类作物，使相应的某些病菌得以连年繁殖，在土壤中大量积累，成为次年发病根源；是土传病害流行的主要因素；大量施用化肥尤其氮肥可刺激土传病菌中的镰刀菌、轮枝菌和丝核菌生长，从而加重了土传病害的发生；浇水太勤，使得植株根系长时间处于缺氧状态，引发沤根，导致根部病害发生严重；药剂使用不当，土壤中的微生态系统严重失衡，土壤害虫可造成植物根系的伤口，有利于病菌侵染，加重土传病害的发生。

3.综合防控技术措施

（1）农业防治。

1）合理轮作。西瓜、甜瓜最长连作2~3年，与其他作物（非瓜类）进行3~4年以上的轮作，恶化病菌生存环境，控制病菌基数，其中以与葱、蒜或水稻等作物轮作更有效（图4-10）。

图 4-10　瓜类作物与大蒜、茼蒿、水稻等作物轮作防病

2）清洁田园。前茬收获后，彻底清除病株残体及杂草，并带到棚室外销毁或深埋。

3）耕层土壤降盐。前茬收获后揭膜淋雨，或前茬作物拔蔓后，种植生育期短的水果型玉米或普通玉米，或西瓜、甜瓜定植生产前，将土壤深翻40 cm以上。

图 4-11　增施有机肥

4）增施有机肥。1 hm^2 施用腐熟的优质厩肥40~45 m^3 和复合微生物肥料15~30 kg。（图4-11）。

5）高垄定植。采用高畦栽培，畦面龟背形，沟深15~20 cm，沟宽40 cm；缓苗后，操作行每隔15~20 d中耕1次，深度15~20 cm。中耕后，覆盖地膜，或生产行采取地膜覆盖，操作行采取秸秆覆盖（图4-12）。

图 4-12　高畦栽培

（2）物理防治。

1）种子消毒。包衣种子晾晒3~5 h后直接播种。未包衣种子晾晒3~5h后清水浸泡20~30 min，再将种子放入50~55 ℃的温水中，不断搅拌15~20 min，待水温度降至35 ℃时停止搅拌，继续浸泡4~8 h，捞出种子，沥干水分即可播种（图4-13）。

图 4-13　温汤浸种及药剂浸种处理

2）嫁接栽培。砧木品种选用免疫或高抗土传病害、抗逆性强的黑籽南瓜或白籽南瓜，抗病性强主栽品种做接穗（图4-14）。

图 4-14　嫁接防病

3）太阳能消毒。棚室休闲高温季节，在棚室内南北方向做波浪式垄沟，垄呈圆拱形，下底宽50 cm，高60 cm，全部覆盖塑料薄膜，四周密封，密闭棚室及通风口，持续8~10 d后，将垄变沟，沟变垄后继续覆膜密闭棚室8~10 d。保持棚室50 cm 深土壤温度45 ℃以上（图4-15）。

图 4-15　太阳能消毒

4）土壤熏蒸。棚室休闲高温季节，清理残茬和病残体，然后旋耕土地25~30 cm，灌水至30~40 cm土层充分湿润（土壤湿度为60%~70%），将棉隆、碳酸氢铵和石灰氮其中之一均匀撒施于土壤表面，用旋耕机旋耕混匀，或者用二甲基二硫注入地表下15~30 cm深度的土壤中，注入点间距约30 cm，每孔用药量2~3 mL，将注药穴孔踩实，或者用威百亩稀释75倍液沟施于土壤中，覆盖地膜，四周密封，密闭棚室及通风口，持续一定天数后揭膜放风7~10 d，期间松土1~2次，确保土壤中无毒气残留后，通过安全性测试，可正常移栽（图4-16）。

5）土壤深翻。深翻整地主要是在进行土壤整理时加深土层的耕耘深度，以增加土壤的保墒保水能力。一般在9~12月，秋季作物收获后，在霜降前后（封冻、封地前）除去前茬作物的病残体，进行整地时需要对土地进行深翻处理，以帮助土壤存储秋季和冬季的雨水和

图 4-16　土壤消毒

雪水，提高土壤的御寒效果。经冬季冻晒，多积雨雪，土壤风化、分解，病虫害减少，增加土壤的透气性。一般情况下，深翻土地25~30 cm，种植沟深翻35~45 cm为最佳。深翻后不要耙平，让土壤进行长期裸露冻晒，这样经过一段时间，基本上可以杀灭土壤中的病菌。直到种植前10 d再进行一次旋耕耙平（图4-17）。

（3）化学防治。

1）基质消毒。育苗基质夏季暴晒48~60 h，或每平方米苗床施用50%拌种双粉剂7 g，或40% 五氯硝基苯粉剂9 g，或40%猝倒立枯灵可湿性粉剂1 g，兑细土4~5 kg拌匀，施药前先把苗床底水打好，且一次浇透，水渗下后，将1/3药土撒在畦面上，播种后，再把其余2/3药土覆盖在种子上面，可预防猝倒病（图4-18）。

图 4-17　土壤深翻

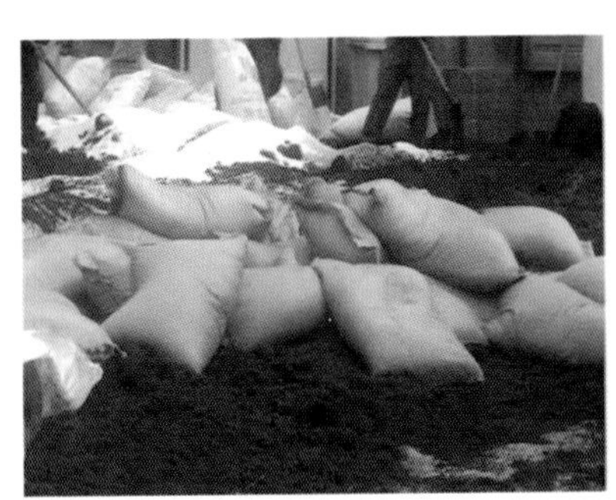

图 4-18　基质消毒

2）育苗器具消毒。可用福尔马林或0.1%高锰酸钾溶液喷淋或浸泡消毒（图4-19）。

图 4-19　育苗器具消毒

3）药剂防治。定植前3~5 d，每亩土壤用50%多菌灵可湿性粉剂3 kg，或70%敌磺钠可溶性粉剂1 kg加10%噻唑磷颗粒剂1.5~2 kg，或0.5%阿维菌素颗粒剂3~4 kg，拌土均匀撒施，然后浅翻土壤20~30 cm。

田间发病初期，根据不同病害种类采取喷雾或灌根方法进行防治。猝倒病可用722 g/L 霜霉威盐酸盐150 ~ 200 g/亩或38%甲霜·福美双500 ~ 760 g/亩灌根，或100 亿枯草芽孢杆菌1 500 ~ 2 000 g/亩拌土撒施；立枯病可用哈茨木霉菌2 700 ~ 4 000 g/亩或54.5%噁霉·福美双500 ~ 760 g/亩灌根，或60%硫黄·敌磺钠2 400 ~ 4 000 g/亩拌成毒土撒施，或30%甲霜·噁霉灵喷雾防治；枯萎病可用30%甲霜·噁霉灵1 000 ~ 1 500倍或3%氨基寡糖素500 ~ 800倍灌根；蔓枯病可用30%苯甲·嘧菌酯30 ~ 40 mL/亩、40%氟硅唑7.5 ~ 12.5 mL/亩、22.5%啶氧菌酯40 ~ 50 g/亩喷雾防治；根腐病可用20%二氯异氰尿酸钠或30%甲霜·噁霉灵1 000 ~ 1 500倍灌根，或50%氯溴异氰尿酸40 ~ 50 g/亩喷雾防治；疫病可用50%烯酰吗啉15 ~ 20 g/亩、72%霜脲·锰锌8 ~ 12 g/亩或500 g/L氟啶脲12 ~ 15 g/亩喷雾防治；菌核病可用80%嘧霉胺37.5 ~ 45 g/亩、50%异菌脲75 ~ 100 g/亩或40%异菌·氟啶胺40 ~ 50 mL/亩喷雾防治；根结线虫病可用10.5%阿维·噻唑膦160 ~ 190 mL /亩或10%噻唑膦1 000~2 000 g/亩冲施，或35%威百亩20 ~ 30 kg/亩、98%棉隆20 ~ 35 kg/亩、碎麦草或玉米秸秆：石灰氮（9：1）800 kg/亩熏蒸。

（二）气传病害

气传病害是一类非常重要和常见的农作物病害，以真菌类病原为主，病原菌经由空气及气流传播，真菌孢子被风吹落，散入空中做较长距离的传播，也能将病原物的休眠体、病组织或附着在土粒上的病原物吹送到较远的地方进行传播，具有传播速度快、发生范围广、引起病害暴发性强、病害成灾严重的特点。为害西瓜、甜瓜的主要气传病害主要有霜霉病、白粉病、灰霉病、炭疽病、叶枯病等，随保护地栽培面积的增大，气传病害已成为限制西瓜、甜瓜高产稳产的最重要因素之一。因此，应正确识别气传病害，并及早预防，以达到更好的防治效果。

1. 常见气传病害为害症状

（1）霜霉病。幼苗期和成株期均可发病；主要为害叶片，叶面上产生浅黄色病斑，沿叶脉扩展呈多角形。清晨叶面上有结露或吐水时，病斑呈水浸状，后期病斑变成浅褐色或黄褐色多角形。在连续降雨条件下，病斑迅速扩展或融合成大斑块，致叶片上卷或干枯，下部叶片全部干枯（图4-20）。

图 4-20　霜霉病

（2）白粉病。苗期和成株期均可发病，主要为害叶片，严重时也可为害叶柄和茎蔓。叶片发病，初期在叶片上出现白色小粉点，后扩展呈白色圆形粉斑，发病严重时多个病斑相互联结，使叶面布满白粉。随病害发展，粉斑颜色逐渐变为灰白色，后期产生黑色小点。最后病叶枯黄坏死。叶柄和茎蔓发病与叶片相似，初期产生白色近圆形小斑点，后期严重时白色粉状霉层布满整个叶柄和茎蔓（图4-21）。

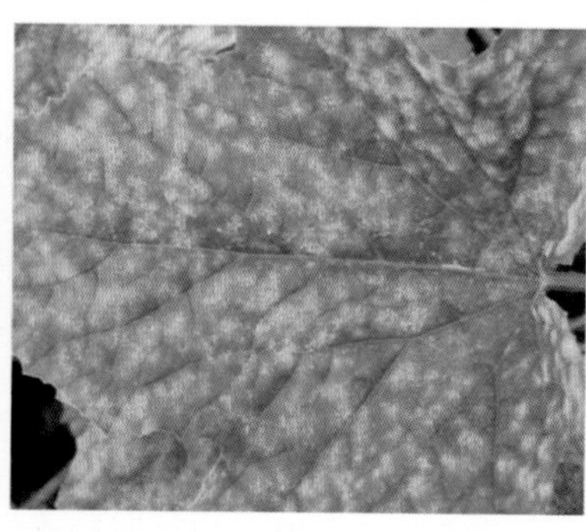

图4-21 白粉病

（3）灰霉病。可侵染叶片、茎蔓、花和果实，以果实受害为主，初期多从开败的花开始侵染，逐渐向果蒂方向扩展，使果实呈水渍状软腐，在病组织表面产生灰色霉层。叶片发病，一般由脱落的烂花或病卷须附着在叶面引起发病，病斑近圆形或不规则形，边缘明显，表面着生少量灰色霉（图4-22）。

图4-22 灰霉病

（4）炭疽病。整个生育期均可发病，叶片、茎蔓、叶柄和果实均可受害。幼苗染病，子叶上形成近圆形黄褐色至红褐色坏死斑，边缘有晕圈；幼茎基部出现水浸状坏死斑。成株期染病，叶片病斑呈近圆形至不规则形，黄褐色，边缘水浸状，有时亦有晕圈，后期病斑易破裂。茎和叶柄染病，病斑椭圆形至长圆形，稍凹陷，浅黄褐色。果实染病，病部凹陷开裂，潮湿时可产生粉红色黏稠物（图4-23）。

图 4-23　炭疽病

（5）叶枯病。主要为害叶片，先在叶背面叶缘或叶脉间出现明显的水浸状小点，湿度大时导致叶片失水青枯，天气晴朗气温高易形成圆形至近圆形褐色斑，布满叶面，后融合为大斑，病部变薄，形成叶枯。果实染病，在果面上产生四周稍隆起的圆形褐色凹陷斑，可深入果肉，引起果实腐烂（图4-24）。

图 4-24　叶枯病

2.气传病害发生与流行规律　这类病害病菌以菌丝体、拟菌核随病残体在土壤中越冬，种子也可带菌。越冬后便产生大量的分生孢子，成为初侵染源。在田间，分生孢子主要依靠风力进行传播，也可借助雨水、昆虫及农事操作进行传播。孢子的萌发和侵入寄主一般需要高湿甚至水膜的存在，孢子萌发的最适温度为22~27 ℃，病菌生长的最适温度为24 ℃，在高温高湿条件下，病菌自侵入到表现症状只需3 d，相对湿度在54%以下，病害不能发生。早春塑料棚温度低，湿度高，叶面结有大量水珠，吐水、叶面结露，易流行发生。露地条件下发病不一，低温多雨条件下易发生，气温超过30 ℃，相对湿度低于60%，病势发展缓慢。此外，重茬、偏施氮肥、浇水过多、排水不良地块易发病。因此，控制田间湿度,减少植株表面结露时间，成为此类病害防治的关键。

气传病害的传播因病原物种类及其传播方式而异。其自然传播距离主要与孢子的形态特征，繁殖率高低，种群数量、密度，适应能力和菌源地的上升气流、风向、风速及沉降区感病寄主的数量、密度，感病期吻合程度、适宜侵染发病的环境条件等有着密切的关系。

3.综合防控措施

（1）农业防治。清除田间病残体；施用堆肥、腐熟的有机肥，不用带菌含有植物病残体的肥料；采用高畦地膜覆盖栽培，降低棚内湿度，抑制子囊孢子释放，减少菌源。棚室上午以闷棚提温为主，下午及时放风排湿，发病后可适当提高夜温以减少结露，早春日均温度控制在29 ℃高温，相对湿度低于54%，防止浇水过量。

（2）物理防治。

1）臭氧灭菌。在棚室内放臭氧发生器，把臭氧集中施放于棚内，释放臭氧，可将植株叶片表面、地表的害虫、虫卵、病毒等杀灭。释放时间以10 min为宜。如在棚室种植前，可连续释放2 h，以预防气传病害的发生及蔓延。目前，生产上常用多功能ZHI保机，该设备也可以通过设置定时控制，使设备按照设置的时间自动工作，实现自动消毒、灭菌、杀虫的功效。设备安装便捷，操作简易，物理化学方法杀菌防病、除臭、灭虫。配有加热管，极端天气，可临时加温防治冻害。无污染，无残留，降低农药及人工成本，增加收益，是设施农业病虫害的克星（图4–25）。

图 4-25　多功能 ZHI 保机

2）空气消毒。使用特定波长的紫外线照射氧分子，使氧分子分解而产生臭氧。当紫外线杀毒机工作时，紫外线照射空气里的细菌及病毒等微生物，这些微生物体内存在的DNA的成分就会被破坏，细菌及病毒等微生物就会死亡或者繁殖的能力丧失。该设备适合棚室空气消毒使用，可有效降低西瓜、甜瓜叶部气传病害的发生，具有免耗材、无二次污染、对空气进行净化杀菌和消毒功能（图4–26）。

3）硫黄熏蒸：一般发病前和发病初期，在棚室内采用硫黄熏蒸可有效预防气传病害。具体方法：距地面1.5 m处悬挂熏蒸器，间距12 ~ 16 m，硫黄用量20 ~ 40 g，不要超过钵体的2/3，以免沸腾溢出，在熏蒸器上方40 ~ 60 cm高度设置直径不超过1 m的遮挡物，一般每次不超过4 h，熏蒸时间为晚上6~10时。熏蒸结束后，保持棚室密闭5 h以上，再进行通风换气（图4–27）。

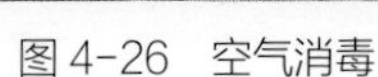

图4-26　空气消毒

图4-27　硫黄熏蒸

4）空气消毒片：一般发病前和发病初期，在设施内用空气消毒片可有效预防气传病害。具体方法：将塑料瓶一侧切割3 cm×3 cm的缺口，悬挂于距地面1.5 m处，每个放置点间距8 m或6～10个/亩，塑料瓶缺口方向应避开植株；塑料瓶内倒入清水50～100 mL，控制水量以免溢出，每瓶放入5～6片消毒片，消毒时间为晚上6~10时。预防时1周消毒1次，发病时1周2～3次（图4–28）。

（3）药剂防治。发病初期及时用药防治。霜霉病可用72.2%普力克水剂800倍液，或72%克露可湿性粉剂750倍液，或银发利600倍液，或58%甲霜·锰锌300倍液喷雾；白粉病可用25%乙醚酚800倍液，或50%醚菌酯3 000倍液，或4%朵麦可水乳剂1 500倍液喷雾；炭疽病可用70%甲基托布津800倍液，或80%炭疽福美800倍液，或10%世高（苯醚甲环唑）2 000倍液喷雾；叶枯病可用70%甲基托布津可湿性粉剂800倍液，或10%苯醚甲环唑水分散颗粒剂3 000～6 000倍液，或50%咪鲜胺可湿性粉剂1 000～1 500倍液喷雾；灰霉病可用65%甲霉灵

图 4-28　空气消毒片

可湿性粉剂400倍液，或50%苯菌灵可湿性粉剂500倍液，或40%施加乐悬浮剂600倍液，或50%速克灵可湿性粉剂600倍液喷雾。对气传病害发病前期可用45%百菌清烟剂200～250 g/亩，分放4～5个点进行烟熏。

（三）种传病害

种传病害是指病原物潜伏于种子内部或黏附于种子表面，随种子的扩散而传播的病害，其对农业生产的直接为害是造成新生植物体发病，间接为害是为田间作物提供再侵染源，导致病株生活力下降，从而影响产量，严重感病的植株死亡；大部分植物病原真菌、细菌及病毒均可与寄主植物建立起营养与寄生关系，使植物感病。为害西瓜、甜瓜的种传病害主要包括细菌性果斑病、黄化绿斑驳病毒病等，由于目前繁种过于集中及各地种子间的频繁调运，这两种病害日益严重，已上升为西瓜、甜瓜的主要病害。因此，做好上述两种种传病害的预防对促进西瓜、甜瓜可持续发展至关重要。此处重点介绍细菌性果斑病的综合防治技术，黄化绿斑驳病毒病在介体传播病害部分再做介绍。

1.细菌性果斑病为害症状　整个生育期内均可进行侵染。幼苗发病，子叶上呈水渍状病斑，随后扩延至子叶基部，呈现条形或不规则的暗绿色病斑，严重时会沿主脉发展成黑褐色坏死病斑；真叶上病斑呈圆形至多角形，边缘初呈“V”字形水渍状，后中间变薄，病斑干枯。病斑背面溢有白色菌脓，干后呈一薄层，且发亮。严重时多个病斑融合成大斑，颜色变深，多呈褐色至黑褐色。植株茎部受害，茎部形成凹陷斑，导致瓜蔓腐烂，空气干燥时形成白色粉末状物附着在茎秆受害部位；果实染病，果实朝上的表皮上现水渍状小斑点，渐变褐色，稍凹陷，后期多龟裂，变褐色，病菌可单独或随同腐生菌向果肉扩展，使果肉变成水渍状腐烂（图4-29）。

图 4-29　细菌性果斑病

2. 细菌性果斑病发生和流行规律　病原细菌主要在种子表面和田间病残体上越冬，成为翌年的初侵染源。病菌主要从伤口和气孔侵染。该病害由带菌种子的调运远距离传播，且种子表面和种胚均可带菌。带菌种子萌发后，病菌从子叶侵入，引起幼苗发病。带菌苗移栽到田间以后，遇到高温、高湿环境，菌量迅速增加，导致病害加剧，病斑上溢出的菌脓借风雨、昆虫及农事操作等途径传播扩散，形成多次再侵染。

该病菌喜温暖、湿润的环境，在4～53 ℃范围内均可生长，适宜温度为28 ℃左右。高温、高湿是造成该病发生和蔓延的主要环境条件。空气相对湿度高于70%、降水过多的年份或地区往往发病重，在炎热、强光照及雷雨天，叶片和果实上的菌斑迅速扩展。果实与地膜接触的部分，在薄膜积水、叶片过于密集、果实呼吸等条件下，会导致果实表面局部微环境高温、高湿，诱发该病的发生。其田间发病程度与种子带菌量有关，但种子带菌量与西瓜、甜瓜的发病率不完全成比例，还与品种的抗性及环境条件等因素有关。

3.综合防治技术措施

（1）加强检疫。加强西瓜、甜瓜种子检疫，杜绝带菌种子随调运进行传播。

（2）种子消毒。用苏纳米对种子进行消毒处理，具体方法：配制1.25%的混合消毒液，用塑料纱网袋包种或散种子倒入盛装消毒液的塑料大桶中浸泡，并不停地搅动种子，使种子充分消毒，15 min后将种子捞出，用水充分冲洗后平摊在塑料纱网上进行晾晒；或用杀菌1号药剂200倍处理种子1 h，彻底水洗然后催芽播种（图4-30）。

图 4-30　药剂浸种及晾晒

（3）农业防治。注意清除病残体，及时将病株带出棚外，用消毒后的剪刀将子叶剪去，选择晴好天气带出棚外进行深埋；起垄栽培、合理浇水，防止大水漫灌，注意通风排湿；加强田间管理，及时整枝增加植株间通风透气；缩短植株表面结露时间，在露水干后进行农事操作。

（4）药剂防治。在发病前或发病初期，可选用乙蒜素1 000~2 000倍液、中生菌素20~30 g/亩、氯溴异氰尿酸1 000~1 500倍液、春雷王铜500~750倍液、春雷霉素170~175 mL/亩、可杀得1 500~2 000倍液、喹啉铜30~40mL/亩等药剂交替喷施防治。

（四）雨水传播病害

植物病原细菌和真菌中鞭毛菌的游动孢子黑盘孢目和球壳孢目的分生孢子多半是由雨水传播，当设施内凝集在塑料薄膜上的水滴及植物叶片上的露水滴下时，也能够帮助病原物传播。雨水传播病害普遍存在，为害西瓜、甜瓜的种类以细菌性病害为主，主要包括青枯病、溃疡病、角斑病、叶枯病、叶缘枯病等，该类病害为害程度仅次于真菌性病害和病毒病，是西瓜、甜瓜生产的一类重要病害，具有为害大、蔓延快、损失重的特点，应及时采取得力有效的防治措施，以降低其对西瓜、甜瓜生产造成的损失。

1.细菌性病害的为害症状

（1）青枯病。又称细菌性枯萎病、萎蔫病。主要为害维管束，茎蔓受害，病部变细，呈水浸状，植株顶端茎蔓先表现萎蔫，随后全株凋萎死亡，发病初期叶片仅在中午萎蔫，早晚尚可恢复；该病扩展迅速，仅3~4 d整株茎叶全部萎蔫，且不能复原，致叶片干枯，造成全株死亡；横剖维管束，用手挤压病变部有乳白色黏液（菌脓）溢出，区别于枯萎病（图4–31）。

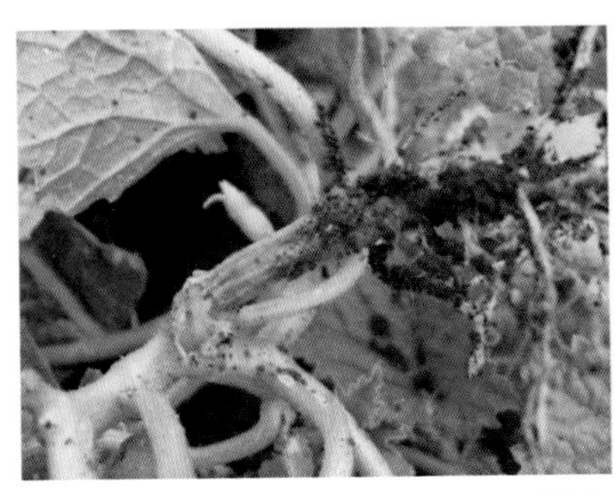

图 4–31　青枯病

（2）溃疡病。主要侵染茎蔓、果实、幼苗，也侵染叶柄和叶片。茎蔓染病，初期茎蔓有深绿色小点，病菌迅速向上下扩展，逐渐整条蔓呈水浸状深绿色，有时茎蔓部会流出白色胶状菌脓，很快整条蔓出现空洞，烂得像泥一样，全株枯死；果实染病，瓜上出现略微隆起的小绿点，不腐烂，严重时从圆形伤口处流出白色菌脓（图4–32）。

（3）角斑病。叶片受害，背面出现一些水浸状的小点，以后病斑扩大，呈油浸状，病斑受叶脉的限制呈多角形，周围有黄色的油浸状晕圈，干燥时病斑破裂，形成一层硬的白色表皮或脱落穿孔，空气潮湿时，病斑溢出白色菌脓。果实染病，病斑呈油渍状

图 4-32　溃疡病

污点，圆形或近圆形，绿褐色，严重时龟裂或形成溃疡，溢出菌液。干燥天气病菌瓜面上形成污斑点，不再继续侵染瓜体内部（图 4-33）。

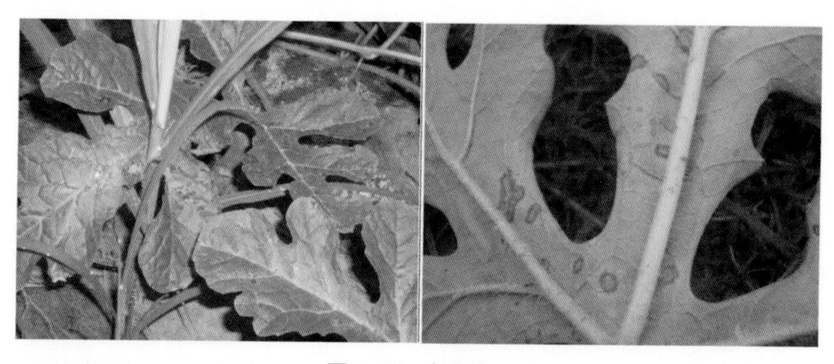

图 4-33　角斑病

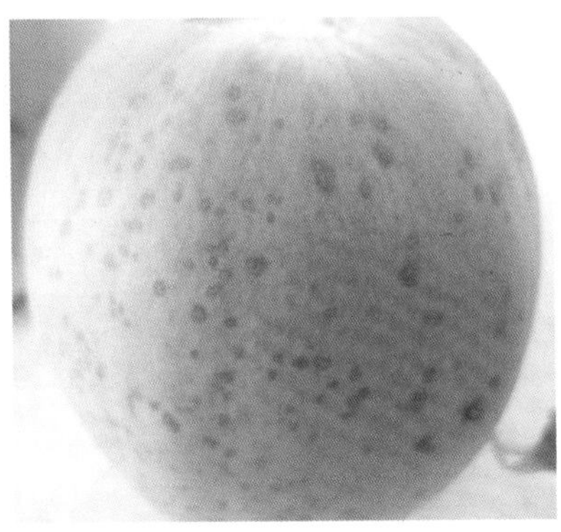

图4-33 角斑病（续）

（4）细菌性缘枯病。叶片染病，初期在叶缘产生水渍状小点，由叶缘向叶片内呈“V”字形水浸状坏死大斑，由叶缘向叶中央发展，病斑周围常具有黄绿色晕圈，随病害发展沿叶缘干枯，最后整个叶片枯死；叶柄、茎蔓染病，呈油渍状暗绿色至黄褐色，以后龟裂或坏死，在裂口处溢出黄白色至黄褐色菌脓。果实染病，果柄油渍状褪绿，果实表面着色不均，有黑色斑点，具油光，果实不均匀软化，空气潮湿，病瓜腐烂，溢出菌脓，有臭味（图4-34）。

2.细菌性病害的发生及流行规律 细菌性病害是由细菌病菌侵染所致的病害。侵害植物的细菌多数是杆状菌，大多数具有1至数根鞭毛；可通过自然孔口（气孔、皮孔、水孔等）和伤口侵入。主要借流水、雨水传播，暴风雨能增加作物伤口，有利于细菌侵入，促进病害的传播，创造有利于病害发展的环境，这些通常是细菌病害流行的一个重要条件，也可通过昆虫传播。病原细菌在病残体、种子、土壤中过冬，多雨、高湿、大水漫灌易发病，气温24~28 ℃经1 h，病菌就能侵入潮湿的叶片，潜育期3～7 d。细菌性病害症状表现为萎蔫、腐烂、穿孔等，发病后期遇潮湿天气，在病害部位溢出细菌黏液，有明显恶臭味，是细菌病害的特征。

3.防治技术措施

（1）种子消毒。用50 ℃温水浸种20 min，捞出晾干后催芽播种，也可以用碳酸钙300倍液浸种1 h；或用40%福尔马林150倍液浸种

图 4-34　细菌性缘枯病

1 h，捞出晾干后催芽播种；或用种子量的0.3%敌磺钠拌种（图4-35）。

图 4-35　药剂拌种消毒

（2）农业防治。培养壮苗，要尽量减少植株伤口，特别是移栽时，不能伤根，抹芽打杈时，也应该选择晴天。控制种植的环境条件，降低大棚温湿度。避免长期连作，保持田间地势平整。平衡施肥，避免偏施氮肥。

（3）化学防治。发病前可选用33.5%喹啉铜悬浮剂1 000倍液，或30%碱式硫酸铜悬浮剂400～500倍液防治；发病初期可选用20%噻菌铜600倍液，或20%叶枯唑600倍液，或47%春雷氧氯铜（加瑞农）可湿性粉剂800倍液，或新植霉素3 000～4 000倍液进行防治，每7 d喷1次，连续喷2～3次。

（五）介体传播病害

介体传播是指病原物依附在其他生物体上，借其他生物体的活动而进行的传播及侵染。生物介体有时也是某些病原物越夏的场所，介体传播的病害主要是植物病毒病，其次是细菌、真菌病害等；为害西瓜、甜瓜的介体传播病害以病毒病为主，且病毒病在各地西瓜、甜瓜产区均有分布，发生普遍，发病率5%～10%，严重时可达20%以上，对西瓜、甜瓜产量和品质影响较大，甚至绝收。

1.常见病毒病为害症状

（1）花叶蕨叶。叶片或果实呈花脸状，有些部位绿色变浅。有的花叶黄化，成黄花叶。病害严重时，叶片畸形，呈鞋带状、鸡爪状，也称蕨叶，有时果实畸形（图4-36）。

图 4-36　花叶蕨叶病毒

（2）绿斑驳花叶。沿叶片边缘向内部绿色变浅。叶片呈不均匀花叶、斑驳，有的出现黄色斑点。病毒可引起西瓜果实变成水瓤瓜，瓤色常呈暗红色，不能食用，失去商品价值（图4-37）。

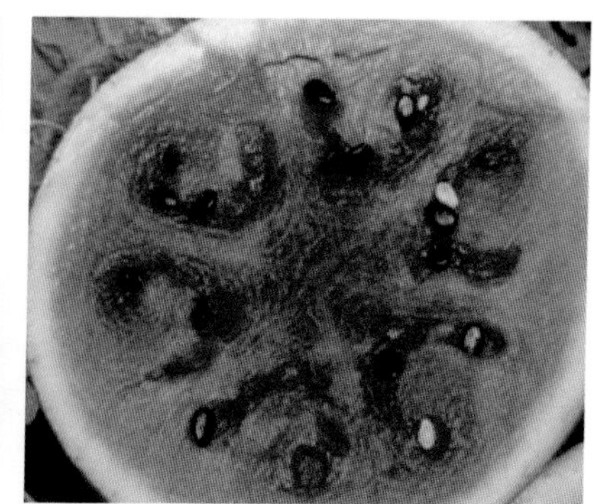

图 4-37　绿斑驳花叶病毒

（3）褪绿黄化。叶片出现褪绿，开始呈现黄化后，仍能看见保持绿色的组织，直至全叶黄化。叶脉不黄化，仍为绿色，叶片不变脆、不变硬和不变厚。通常中下部叶片感染，向上发展，新叶常无症状。以秋季发病最为常见，症状表现甜瓜明显，西瓜略轻（图4-38）。

图 4-38　褪绿黄化病毒

（4）坏死斑点。病叶上产生许多坏死斑点，随着病害加剧，叶片中的小斑点中间扩大形成不规则的坏死斑块，蔓上也出现坏死条斑，严重影响果实产量和品质（图4-39）。

图 4-39　坏死斑点病毒

（5）黄化斑点。新生叶片上产生明脉、褪绿斑点，随后出现坏死斑，叶片变黄，邻近斑点融合形成大的坏死斑点，使植株叶片呈现黄色坏死斑。叶片下卷，似萎蔫状，若病毒在甜瓜生长早期侵染，果实出现颜色不均的花脸样，果实品质下降，风味变差（图4-40）。

图 4-40　黄化斑点病毒

（6）皱缩卷叶。顶端叶片往下卷，植株矮化、不变色，仍保持绿色（图4–41）。

图 4-41　皱缩卷叶病毒

2.病毒病的发生与流行规律　病毒病多为系统性发病，少数局部性发病。其特点是有病状没有病征，多呈花叶、黄化、畸形、坏死等，病状以叶片和幼嫩的枝梢最明显；田间病株多是分散、零星发生，没有规律性，病株周围往往发现完全健康的植株；该病害往往随气温变化有隐症现象，但不能恢复正常状态。

由于西瓜、甜瓜栽培过程中，需要整枝打杈、压蔓、锄草等操作，会造成病株的汁液接触到健株，造成传播，这种方式是引起病害在田间传播的一个有效途径。也可通过蚜虫、烟粉虱、蓟马等昆虫传播，田间的一些杂草或其他葫芦科作物是这些病毒的寄主，昆虫可以从这些植物中获毒，在对于西瓜、甜瓜刺探取食或定植过程中进行传毒。高温、日照强、干旱及因缺肥而生长衰弱均有利于病害的发生。

3.综合防控技术措施

（1）清除杂草，清洁田园。田间杂草是西瓜、甜瓜病毒的重要寄主，清除杂草，清洁田园是种植西瓜、甜瓜过程中不容忽视的农业措施。

（2）种子消毒。将种子于70 ℃热处理144 h，能有效去除西瓜、甜瓜种子携带的病毒，且不影响种子萌发；用10%磷酸三钠处理种子3 h，或用0.1 mol/L HCl 处理种子30 min，均能获得很好的防治效果。另外，将种子先经过35 ℃ 24 h、50 ℃ 24 h、72 ℃ 72 h，然后逐渐降温至35 ℃以下约需24 h，也可减轻病害的发生（图4–42）。

图 4-42　干热设备种子消毒

（3）诱导抗病性。可通过施用苯并噻重氮（BTH）200倍液或腐殖酸肥料等措施，提高植株抗病性；还可以接种弱毒苗，以交叉保护的方式减轻病害。

（4）防止介体昆虫传毒。防虫网是防治蚜虫最简单有效的措施，覆盖50～60目的防虫网能够有效地阻止蚜虫进入温室或大棚，减轻蚜虫传播的病毒病。银灰膜有效驱避蚜虫，蓝色对瓜蓟马、黄色对蚜虫和烟粉虱最有吸引力，可在温室或大棚内悬挂蓝色或黄色粘板（图4–43）。

（5）遮阴保湿。采用与高秆作物如玉米、棉花、辣椒等间作套种进行遮阴；利用在瓜行间撒麦秸、草等对地面保湿；高温干旱条件下，可以通过瓜行间灌水保持地面湿度（图4–44）。

图 4-43　银膜避蚜

图 4-44　套种、铺秸秆遮阴保湿

（6）化学防治。发病初期可用1.5%植病灵Ⅱ号乳剂 1 000 ~ 1 200倍液，或3.85%病毒必克水乳剂500倍液，或0.5%抗毒丰水剂200 ~ 300倍液，或NS83增抗剂100倍液，或0.5%氨基寡糖素水剂600 ~ 800倍液，或8%宁南霉素水剂750倍液，或4%嘧肽霉素水剂200 ~ 300倍液等喷雾防治。

（六）地下害虫

地下害虫是指活动为害期间生活在土壤中，主要为害植物的地下部分和近地面部分的一类害虫，其生活周期长，多潜伏在土壤中，不易被发现，主要食害作物的种子、幼芽、根茎，造成缺苗、断垄或使幼苗生长不良。为害西瓜、甜瓜的主要地下害虫有蝼蛄、蛴螬、地老虎、金针虫、根蛆等。因此，抓好地下害虫防治是保证西瓜、甜瓜出苗整齐的有效保障之一。

1.地下害虫为害症状

（1）蝼蛄。成虫和若虫在土中咬食刚播下的种子及幼芽，或将幼苗咬断，造成死苗，受害的根部呈乱麻状。蝼蛄活动时在表土下造成许多隧道，使苗土分离，失水干枯而死，造成缺苗断垄。早春瓜类早熟栽培或育苗时由于保护设施内气温高，蝼蛄活动早，加之幼苗集中，为害更重。蝼蛄具有趋湿和趋粪性，在土壤湿润、腐殖质含量高的低洼地发生较重，特别是施用生粪的地块为害严重（图4–45）。

（2）蛴螬。蛴螬是金龟子幼虫的别称。主要取食西瓜、甜瓜的地下部分，尤其喜食柔嫩多汁的各种苗根，咬断幼苗的根、茎，可使瓜类蔬菜幼苗致死，造成缺苗断垄，咬断处切口整齐，同时造成大量伤口，可诱发病害（图4–46）。

图4–45　蝼蛄

图4–46　蛴螬

（3）地老虎。地老虎属于鳞翅目夜蛾科，是我国地下害虫中的一个重要类群。低龄幼虫取食植株地上部分的顶芽和嫩尖，3龄之后常为害近地面的嫩茎，5~6龄以后幼虫食量增大，可爬到瓜苗的幼嫩部分将其咬断，将短苗拖到洞口取食。大龄幼虫白天潜伏于根部土中，夜间咬断近地面的茎，致使整株死亡（图4–47）。

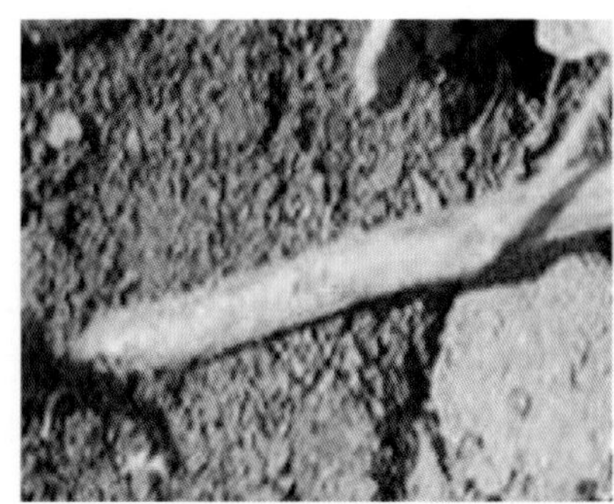

图 4-47　地老虎

（4）金针虫。金针虫是鞘翅目叩甲的幼虫，以为害地下部分为主，咬食播下的种子、食害胚乳，使之不能发芽。咬食幼苗须根、主根或茎地下部分，使其生长不良甚至枯死，一般受害苗主根很少被咬断，被害部不整齐而呈丝状，这是金针虫为害后造成的典型为害状。食茎时先咬成缺刻，再沿着茎向上钻蛀至表土为止，使幼苗整株枯死，造成缺苗断垄（图4–48）。

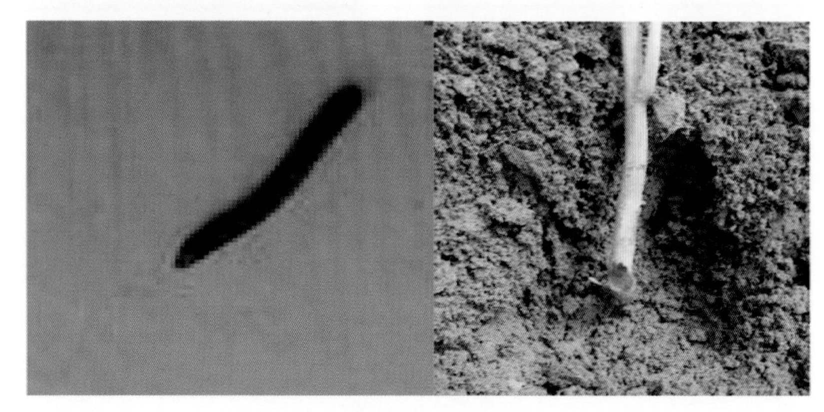

图 4-48　金针虫

（5）根蛆。根蛆是双翅目种蝇的幼虫，为多食性害虫，可为害葫芦科等多科作物。初孵化的幼虫为害播种后的种子及幼茎，使种子不能发芽或使已发芽的种子不能正常出土；或从幼苗根部钻入，顺幼苗向上为害，使下胚轴中空、腐烂，地上部凋萎死亡，随后转株为害，引起严重缺苗（图4–49）。

图 4–49　根蛆

2.为害共同点　地下害虫为害方式可分为三类：长期生活在土内为害植物的地下部分；昼伏夜出在近土面处为害；地上地下均可为害。有的种类以幼虫为害，有的种类成虫、幼（若）虫均可为害，瓜苗受害后轻者萎蔫，生长迟缓；重的干枯而死，造成缺苗断垄，以致减产。

由于地下害虫对土温、土壤湿度的敏感反应，其在土中垂直活动的规律表现出明显的季节性。冬、夏表土层温度、湿度条件不适就向深层移动，春秋则由深层向表土层上移，而这时一般正值西瓜、甜瓜苗期阶段，从而为它们提供了充足的食料条件。

3.综合防控技术

（1）农业防治。

1）土壤深翻。封冻前1个月，深耕土壤35~40 cm，使地下害虫（卵）裸露地表，冻死或被天敌啄食，也可随耕拾虫，通过翻耕，破坏害虫生存环境，减少虫口密度（图4–50）。

图 4–50　土壤深翻

2）清洁田园。前茬作物收获后，及时清出秸秆、杂草，减少害虫产卵和隐蔽的场所。

3）灌水灭虫。水源条件好的地区，在冬季灌水淹没越冬虫、蛹，可收到事半功倍的效果（图4–51）。

图 4–51　灌水消毒

4）合理施肥。使用充分腐熟的猪粪等有机肥，其具有腐蚀、熏蒸作用，有助于杀灭地下害虫。肥料要均匀、早施、深施，不要暴露地面，以减少种蝇等害虫产卵。

（2）物理防治。

1）黑光灯诱杀。利用蛴螬、地老虎、金针虫的成虫对黑光灯有强烈的趋向性。在田间安装太阳能频振式杀虫灯进行诱杀。近距离用光、远距离用波，加以诱到的害虫本身产生的性信息引诱成虫扑灯，灯外配以频振式高压电网触杀，使害虫落入灯下的接虫袋内，达到杀灭害虫的目的（图4–52）。

2）糖醋液诱杀。利用种蝇、蛴螬、地老虎等害虫成虫对糖醋液的趋化性，在苗圃或田间设置糖醋液盆进行诱杀。糖醋液配方为红糖1份、醋2份、水10份、酒0.4份，敌百虫0.1份（图4–53）。

图 4–52　黑光灯诱杀

图 4–53　糖醋液诱杀

3）毒饵诱杀。可以将菜籽或麦麸放入锅中进行炒香，将炒好的菜籽放在桶中，然后将温水化开的敌百虫倒入桶中，闷3~5 min，于傍晚将毒饵分成若干小份放于田间，用于诱杀地老虎。利用蝼蛄趋向马粪的习性，田间内挖垂直坑放入鲜马粪诱杀，还可在田间栽蓖麻诱集蛴螬成虫金龟子（图4–54）。

图 4–54　麦麸炒香拌药诱杀

4）毒草诱杀。选用一些新鲜的菜叶或草，将它们切匀剁碎，在凌晨或者黄昏的时候，成堆地放置在田间地头，用以诱杀地老虎。毒草配置的方法是，将剁碎的菜叶或草堆，用50%辛硫磷乳油100 g配水约2.5 kg，然后喷洒在毒草堆上。

5）毒谷诱杀。 每亩用25%~50%辛硫磷胶囊剂150~200 g拌谷子等饵料5 kg左右，或50%辛硫磷乳油50~100 g拌饵料3~4 kg，撒于种沟中，诱杀蝼蛄、金针虫、种蝇等害虫。

（3）生物防治。

1）捕食性天敌： 捕食金龟子的天敌有鸟、鸡、猫、刺猬等；捕食蛴螬的天敌有食虫虻、金龟子黑土蜂等；寄生蛴螬的天敌有寄生蜂、寄生螨、寄生蝇等；利用寄生蜂、步行虫等天敌防根蛆。

2）生物制剂：于低龄幼虫发生盛期，用苜核·苏云菌悬浮剂500~700倍液灌根防治地老虎；用卵孢白僵菌（1 g含15亿~20亿个孢子）2.5 kg，拌湿土70 kg，于瓜苗幼苗移栽时施入土中，或用Bt乳剂300 g配制毒土施用，毒土用量为50 kg/亩左右，均可防治蛴螬、金针虫、蝼蛄等。用含荧光假单孢菌10亿个/mL的根蛆净水剂300 mL灌根，或用苏云金杆菌可湿性粉剂 5~6 kg，均可防治根蛆。

3）植物提取液：用蓖麻叶1 kg，捣碎，加清水10 kg，浸泡2 h，过滤，在受害区喷液灭杀蛴螬成虫金龟子，或将侧柏叶晒干磨成细粉，随种子或定植施入土中，可杀死蛴螬、金针虫、蝼蛄等地下害虫。

（4）化学防治。必须符合国家对农产品安全生产的要求，常用药剂拌种、根部灌药、撒施毒土等措施。

1）药剂拌种。用90%晶体敌百虫800倍液或50%辛硫磷500倍液在播种前均匀喷洒在种子上，摊开晾干后即可播种。

2）根部灌药。苗期害虫猖獗时，可用90%敌百虫800～1 000倍液或50%辛硫磷乳油500倍液在下午4时后开始灌根；或80%敌敌畏1 500倍液喷洒植株和根部周围，以杀死成虫和卵，以后每隔7～10 d喷1次，连续用药2～3次。

3）撒施毒土。用50%辛硫磷乳油拌细沙或细土，在作物根旁开沟撒入药土，随即覆土，或结合锄地将药土施入，可防治多种地下害虫（图4–55）。

图 4–55　撒施毒土

4）喷洒药液。于成虫盛发期，喷洒1 000倍50%的辛硫磷乳油、25%敌杀死1 800倍液进行喷药，可以杀死成虫。大面积防治金龟子成虫时，辛硫磷乳油配成1∶1 000浓度水溶液喷洒，均具85%以上的杀虫率。

（5）人工捕捉。当害虫的数量小时，可根据地下害虫的各自特点进行捕杀。幼虫期可将萎蔫的草根扒开捕杀蛴螬。傍晚放置新鲜的泡桐叶、南瓜叶片（叶面向下）于小地老虎的为害处，清晨掀起捕杀幼虫。清晨在断苗周围或沿着残留在洞口的被害枝叶，拨动表土3~6

cm，可找到金龟子、地老虎的幼虫。晚上可利用金龟子的假死性进行人工捕捉，杀死成虫。检查地面，发现隧道，进行灌水，可迫使蝼蛄爬出洞穴，再将其杀死。

（七）刺吸害虫

刺吸害虫是用尖嘴刺入植物茎叶内，吸取植物汁液，掠夺其营养，一般不影响植物外部形态的完整，但受其为害的器官常表现为褪色、发黄、卷曲、畸形、营养不良、萎蔫、叶片早期脱落，严重时整株枯萎死亡。这类害虫还使植物形成伤孔并流出汁液，成为其病原微生物的侵入通道，从而诱发其他病害的发生。另外，这类害虫还是植物病毒病的重要媒介。为害西瓜、甜瓜的刺吸害虫主要包括蚜虫、粉虱、蓟马、螨类、斑潜蝇等微小害虫，此类害虫寄主广泛，田间常交错或重叠发生，繁殖速度快，易于流行暴发，影响西瓜、甜瓜的产量和品质。因此，应及时防治此类害虫，有助于促进西瓜、甜瓜产业健康发展。

1.刺吸害虫为害症状

（1）蚜虫。西瓜、甜瓜作物以瓜蚜为主，成蚜和若蚜在叶片背面、嫩头和茎上群集为害，使瓜叶畸形、卷缩，还排泄大量蜜露，诱发霉菌滋生，降低植株的光合作用。此外，蚜虫还传播多种瓜类病毒病（图4–56）。

图4–56　蚜虫

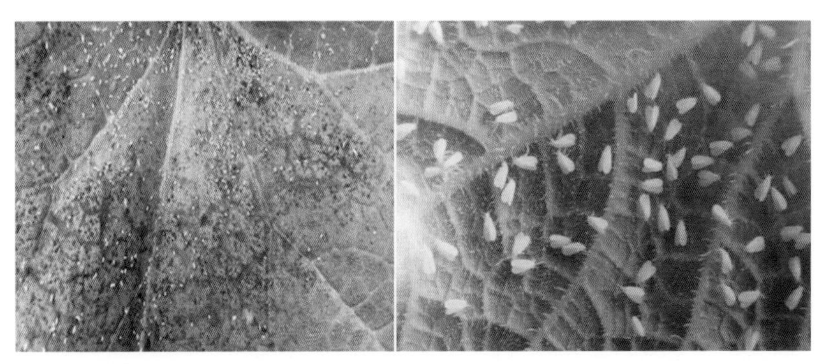

图 4-57　粉虱

（3）蓟马。以棕榈蓟马为主，成虫和若虫锉吸寄主植物的嫩梢、嫩叶、花和幼果的汁液，使叶片僵硬、缩小增厚；叶片在叶脉间留下银灰色伤斑，有时连成一片，叶背还常出现蓟马的黑色分泌物，被害植株矮小，发育不良，易与病毒病症状混淆。幼瓜受害后硬化变褐色，严重者畸形或造成落瓜（图4-58）。

图 4-58　蓟马

（4）螨类。主要包括截形叶螨和二斑叶螨，以成螨、幼螨、若螨在叶背刺吸叶片汁液并吐丝结网，严重者导致叶片失绿枯死，最后导致全株叶片干枯脱落，可缩短瓜类作物的结瓜期（图4–59）。

图 4-59　螨类

（5）斑潜蝇。主要包括美洲斑潜蝇和南美斑潜蝇，成虫和幼虫均可为害。雌成虫用产卵器刺破叶片上表皮，形成白色刻点状刺孔，雌、雄成虫从刻点取食叶片汁液，雌虫产卵在伤孔中或裂缝内，幼虫孵出后蛀食叶肉，随虫龄的增加取食面积逐渐增大，形成蛇形白色潜道，降低叶片的光合作用（图4–60）。

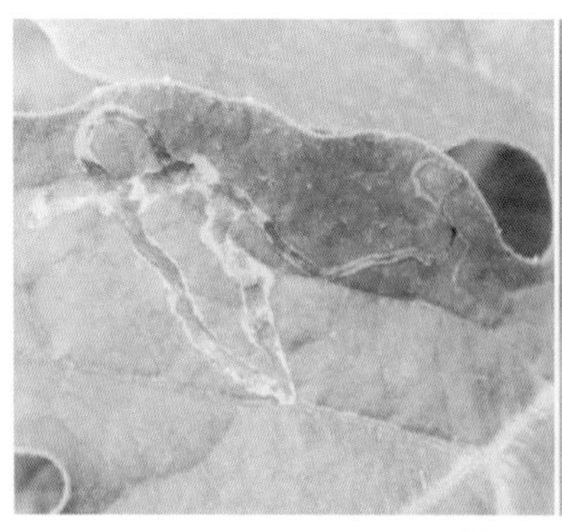

图 4-60　斑潜蝇

2.为害的共同特点　该类害虫首先点片发生、虫口密集，大棚温室环境适宜害虫的繁殖迅速，扩展蔓延快，但多因个体小，发生初期往往为害状不明显。各个虫态交替重叠发生，1种药剂或1次喷药很难将其各虫态全部或大部分杀死，而且容易产生抗药性，且昼伏夜出，多在背光场所集中为害，药剂喷施时，白天接触不到虫体，难以杀灭；为害后的植株常表现出顶部叶片卷叶和皱缩的现象，易与蔬菜病毒病相混淆，导致诊断错误，耽误病情治疗；通常是传播病毒病的介体昆虫。

3.综合防治技术

（1）农业防治。保持田间清洁，及时清理残株败叶、杂草；避免混栽育苗，切忌在有生长期植株的棚室内育苗，防止害虫侵染瓜苗。

（2）物理防治。

1）黄蓝板诱杀。幼苗定植后即悬挂黄色粘虫板，黄板下沿稍高于植株上部叶片，并随植株生长进行调整，可监测蚜虫、斑潜蝇、粉虱、蓟马等害虫的零星发生，也可起到诱杀成虫的作用（图4-61）。

2）防虫网阻隔。棚室栽培中，在棚室栽培通风口和门窗处覆盖60筛目防虫网进行物理阻隔，及时清理残株败叶、杂草和自生苗（图4-62）。

图 4-61　黄蓝板诱虫

（3）生物防治。

1）捕食性天敌。害虫种群数量低时，可以采用释放捕食性天敌生物防治。如叶螨为优势为害种类的棚室内，选择释放智利小植绥螨，可有效控制害螨种群；粉虱类为主的棚室栽培中，可释放丽蚜小蜂；蚜虫为主的棚室可释放蚜茧蜂；田间释放姬小蜂、反颚茧蜂、潜蝇茧蜂等寄生蜂对斑潜蝇寄生率较高（图4–63）。

图 4-62　防虫网防虫

2）生物菌剂。通常在防治蚜虫、粉虱和蓟马等害虫中使用真菌制剂，如白僵菌、蜡介轮枝菌和玫烟色拟青霉，也可使用皂角液、植物种子油、植物源杀虫剂和生长调节剂等；利用阿巴丁和苏云金杆菌等防治斑潜蝇。

（4）化学防治。

1）药剂灌根。幼苗定植前可采用内吸杀虫剂25%噻虫嗪水

图 4-63　释放蚜茧蜂防治蚜虫

分散粒剂 3 000倍液或10%溴氰虫酰胺可分散油悬浮剂1 000倍液进行穴盘喷淋或蘸根，也可选择在幼苗定植后灌根处理（30~50 mL/株），可预防和压低粉虱、蚜虫、蓟马、斑潜蝇等刺吸式口器害虫的种群发生基数，防效可达1个月以上（图4–64）。

图 4-64　不同灌根处理

2）药剂喷施。在蚜虫、粉虱等害虫数量较低、发生株率在5%~10%时及时进行，可选用噻虫嗪、啶虫脒、螺虫乙酯等药剂，对于产生抗药性的蚜虫及烟粉虱，可选择喷施氟啶虫胺腈、呋虫胺等；蓟马为主的田块可选择乙基多杀菌素、溴虫腈、甲维盐、噻虫嗪等药剂；叶螨可选择联苯肼酯、乙螨唑等；斑潜蝇对阿维菌素抗性较高，可选择灭蝇胺进行防治，按照推荐剂量施用，并注意轮换用药。

3）棚室熏烟。棚室内害虫种群数量大时，可选用20%异丙威烟剂250 g/亩等进行熏烟防治，在傍晚收工时将棚室密闭，把烟剂分成几份点燃熏烟杀灭成虫。需要注意的是，必须严格按照烟剂推荐剂量使

图 4-65　烟熏剂防虫

用，不可随意增施药量（图4–65）。

（八）食叶害虫

食叶害虫具咀嚼式口器，生有坚硬的上颚，主要为害健康植物，以幼虫取食叶片，常咬成缺口或仅留叶脉，甚至全吃光。少数种群潜入叶内，取食叶肉组织，或在叶面形成虫瘿。为害西瓜、甜瓜的食叶害虫主要有斜纹夜蛾、菜青虫、黄曲条跳甲、黄守瓜等，它们咬食瓜苗的叶片和嫩芽，食叶并排出大量粪便，为我们调查虫情提供方便。多群居，易于流行和暴发，严重影响西瓜、甜瓜叶片的生长和光合作用。

1.食叶害虫的为害症状

（1）斜纹夜蛾。为间歇性暴发的杂食性食叶害虫，以幼虫在秧苗上啃食叶片、花蕾、花及果实为害，严重时花果被害率可达20%~30%；初孵幼虫群集在产卵株的顶部叶背为害，昼夜取食，1~3龄仅取食叶肉成筛状小孔，留下叶脉和表皮，形成筛网状花叶，俗称“开天窗”，2~3龄后分散为害，4龄后进入暴食期，取食量可达全代的90%以上，多在傍晚以后或阴雨天取食，在叶片上形成缺刻或小孔，严重时整片叶子被吃光；老熟幼虫常在1~3 cm的表层土中化蛹（图4–66）。

图 4–66　斜纹夜蛾幼虫

（2）菜青虫。菜青虫属鳞翅目粉蝶科。1~2龄幼虫在叶背啃食叶肉，留下一层薄而透明的表皮，3龄以上的幼虫食量明显增加，把叶片吃成孔洞或缺刻，严重时吃光叶片，仅剩叶脉和叶柄，影响植株生长发育（图4–67）。

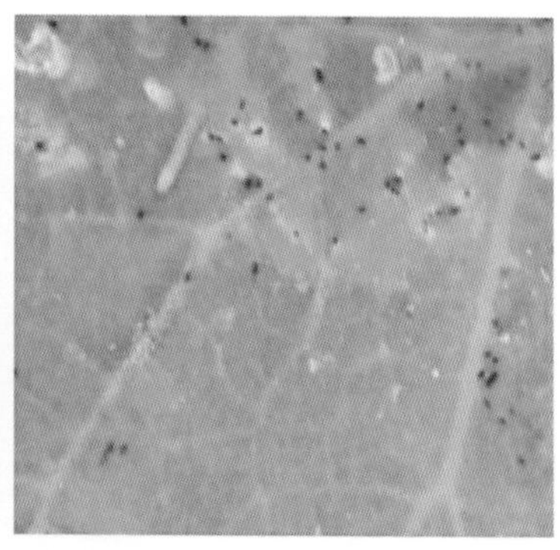

图 4-67　菜青虫幼虫

（3）黄曲条跳甲。成虫与幼虫均能为害，成虫咬食叶片，造成许多小孔，尤喜幼嫩部分，常致使幼苗停止生长，甚至整株死亡。幼虫为害根部，将根表皮蛀成许多弯曲的虫道，咬断须根，使地上部分叶片发黄枯萎而死（图4–68）。

图 4-68　黄曲条跳甲

（4）黄守瓜。成虫为害叶、嫩茎、花和果实，取食叶片时，以身体为中心旋转咬食一圈，然后在圈内取食，使叶片残留若干干枯或半圆形食痕或圆形空洞。幼虫主要为害根部，2龄前幼虫主要为害系根，3龄以上幼虫食害主根，导致瓜苗整株枯死，也可蛀入地面瓜果内为害，引起腐烂（图4–69）。

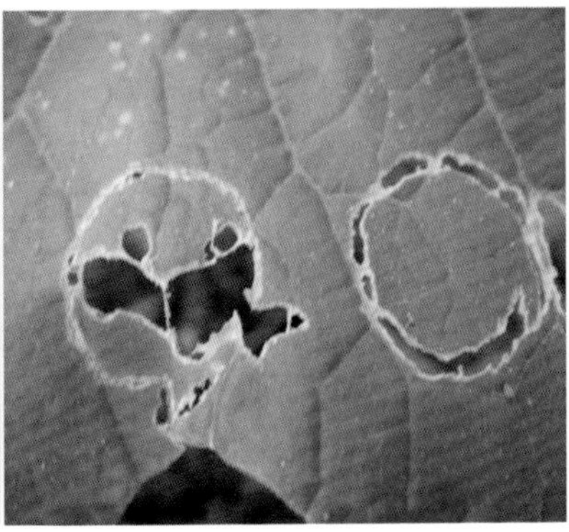

图4-69　黄守瓜

2.食叶害虫的共同特点　这类害虫多营裸露生活，其数量的消长常受气候与天敌等因素直接制约；多数以低龄幼虫越冬，有的是以卵或茧越冬，成虫多数不需要补充营养，寿命也短，幼虫期成为它们主要摄取养分和造成为害的重要虫期，通常将1个叶片食光后，分散取食，一旦发生为害则虫口密度大而集中；幼虫有短距离主动迁移为害的能力，某些种类常呈周期性大发生，因成虫能做远距离飞迁，故也是这类害虫经常猖獗为害的主因之一。

3.综合防治技术

（1）农业防治。定植前进行翻耕，消灭土中潜伏的幼虫或蛹；及时清除田间杂草，减少成虫产卵场所；利用幼虫受惊易掉落的习性，在幼虫发生时将其击落，或根据地面和叶片的虫粪、碎片，人工捕杀幼虫。

（2）物理防治。利用蛾类成虫的趋光性，在成虫发生期可设置频振式杀虫灯或黑光灯诱杀成虫，每40~50亩设置1盏；也可利用甜菜夜蛾、小菜蛾性信息素诱杀害虫。

（3）生物防治。幼虫3龄前，可施用含量为16 000IU/mg的Bt可湿性粉剂1 000~1 200倍液，既保护各种天敌，又防止污染环境。

（4）化学防治。幼虫3~4龄前，可喷施20%除虫脲悬浮剂3 000~3 500倍液，或25%灭幼脲悬浮剂2 000~2 500倍液，或20%虫酰肼悬浮剂1 500~2 000倍液等生防农药。虫口密度大时，可喷施50%辛硫磷2 500倍液，或2.5%功夫菊酯乳油2 500~3 000倍液，或2.5%溴氰菊酯2 000~3 000倍液等药物，均有较好的防治效果。

（九）钻蛀害虫

这类害虫钻蛀在叶片、茎秆和果实里面蛀食为害。钻入叶片为害，叶片可见钻蛀的隧道，造成叶片干枯死亡；或将茎、枝蛀空，使植株死亡；或钻蛀果实，造成果实脱落、腐烂，无商品性。如瓜绢螟、烟青虫、果实蝇等。

1.钻蛀害虫为害症状

（1）瓜绢螟。幼龄幼虫在叶背面啃食叶肉，呈灰白色；3龄后吐丝将叶或嫩梢缀合，匿居其中取食，致使叶片穿孔或缺刻，严重时仅留叶脉；幼虫常蛀入瓜内、花中或瓜藤中，影响产量和品质（图4-70）。

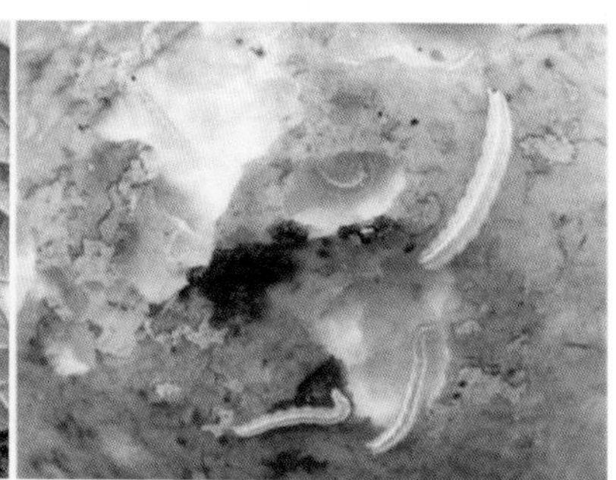

图4-70　瓜绢螟

（2）瓜实蝇。该虫属于双翅目实蝇科害虫。主要以幼虫为害，首先成虫以产卵管刺入幼瓜表皮内产卵，幼虫孵化后钻进瓜肉取食，受害瓜先局部变黄，而后全瓜腐烂变臭。即使瓜不腐烂时，刺伤处凝结着流胶，畸形下陷，果皮硬化，瓜味苦涩品质下降。把受害瓜剖开可看见瓜内有数条蛆虫，即瓜实蝇幼虫（图4-71）。

图 4-71 瓜实蝇

（3）烟青虫。烟青虫成虫称烟夜蛾，是西瓜开花结果期的重要害虫，以幼虫为害为主；在西瓜开花后，成虫进入瓜田产卵，1~2龄幼虫藏匿花中取食花蕊及嫩叶，3龄后咬食幼果并蛀果，引起腐烂而大量落果（图4-72）。

图 4-72 烟青虫

2.钻蛀害虫的共同特点 多数钻蛀性害虫是以老熟幼虫或蛹在土壤中或避风向阳的草丛、秸秆内、墙角等处越冬。田间为害时，有转果或者转株为害习性；除成虫期营裸露生活外，其他各虫态均在韧皮部、木质部营隐蔽生活。害虫为害初期不易被发现，一旦出现明显症兆，则已失去防治有利时机。该类害虫大多数生活在植物组织内部，受环境条件影响小，天敌少，虫口密度相对稳定。害虫蛀食韧皮部、木质部等，影响输导系统传递养分、水分，导致植株衰亡或死亡，一旦受侵害后，植株很难恢复生机。蛀入瓜果内，引起果实腐烂，并引发细菌性病害。

3.综合防控技术

（1）农业防治。冬季应深翻土壤，中耕灌水，清除杂草和病残体，消灭越冬蛹；及时摘除虫蛀果，集中深埋或烧掉。发生严重时，在瓜类授粉后，将幼瓜套纸袋避免成虫产卵，应注意套袋的幼瓜是未经虫侵害的。

（2）物理防治。利用几种害虫成虫均有昼伏夜出和趋光趋化的习性进行诱杀。

1）杨树枝诱杀。剪取0.6 m长左右的带叶杨树枝，稍晒软，每8~10根扎成1把，绑在小棍上，插于田间，每亩均匀插10~15把。每天早晨露水未干前用透明塑料袋逐个套住杨树枝把，捕杀成虫，每6~8 d更换1次新枝把（图4–73）。

图 4–73　杨树枝诱虫

2）灯光诱杀。利用黑光灯、高压汞灯、频振式杀虫灯、太阳能杀虫灯等诱杀成虫，可每2~3 hm^2安装1盏灯，灯下置1个含0.2%洗衣粉的水盆，诱杀成虫。

3）引诱剂诱杀。每个诱芯含人工合成性诱剂50 g，穿于铁丝上吊在含0.2%洗衣粉的水盆上，诱芯距水面12 cm，每个诱芯可诱集20~35 m以内的成虫，洗衣粉应隔天早晨更换1次。针对瓜实蝇可利用诱杀，使用时将诱杀器悬挂于1.5 m高的瓜架上，每亩悬挂5个，发生量大时适当增加。

4）气味趋避。利用成虫对磷酸二氢钾气味有忌避作用的特性，越冬代成虫发生期在瓜田全面喷施，可减少产卵量。

5）毒饵诱杀。用香蕉或菠萝皮40份，90%敌百虫0.5份，香精1份，加少许水调成糊状后，装入矿泉水瓶等容器中挂于瓜架的竹竿上，或于晴朗天气直接涂在瓜架的竹竿上，每亩一般放置20个，可有效诱杀瓜实蝇。

图 4-74　虫色板诱杀

6）虫色板诱杀。可采用涂有黄油的色板诱杀瓜实蝇，使用时用绳悬挂于1.5米高的瓜架，每亩地悬挂20 ~ 30张（图4-74）。

（3）生物防治。

1）捕食性天敌。在成虫产卵盛期释放赤眼蜂。具体方法:把即将要羽化的赤眼蜂成虫的蜂卡卷于中部瓜叶内，用细绳捆好，每亩释放2万~3万头，所有蜂卡分5~8份均匀布点释放。

2）生物菌剂。在害虫卵孵化盛期至幼虫3龄前，间隔5~7 d喷2次Bt乳油（每mL含活孢子100亿）250~300倍液，每次亩喷药液50~60 kg；或3%茴蒿素乳油500倍液，连续喷雾2次，防治3龄前幼虫效果较好。

（4）化学防治。应在产卵高峰期后3~4 d至2龄幼虫期，即幼虫尚未蛀入果内之前喷药，以下午至傍晚喷药效果最佳。

1）昆虫生长调节剂: 5%定虫隆乳油1 000倍液，5%氟虫脲乳油或水剂2 000倍液，5%伏虫隆乳油4 000倍液，或20%除虫脲胶悬剂1 500倍液喷雾。

2）拟除虫菊酯类农药: 2.5%溴氰菊酯乳油2 000~2 500倍液，2.5%高效氯氟氰菊酯乳油3 000 ~ 3 500倍液，10%氯氰菊酯乳油2 000~2 500倍液，5%顺式氯氰菊酯乳油2 500~3 000倍液，20%氰戊菊酯乳油2 000~2 500倍液喷雾。

五、常见问题解析

（一）催芽期常见问题

1.种皮开裂

（1）症状。种子在催芽过程中，出现种皮从发芽孔（种子嘴）处开口，甚至整个种子皮张开的现象；种皮开口后，水分浸入易造成种仁浆种、烂种，胚根不能伸长（图5–1）。

图 5-1　种皮开裂

（2）主要原因。①浸种时间过短，水分不能渗透到内层去，外层吸水膨胀后，对内层种皮就会产生一种胀力，被迫从发芽孔的“薄弱环节”处裂开口。②催芽时湿度过小，外层种皮失水而收缩，产生了胀力差，被迫裂开口。③催芽温度一般应维持在25～30 ℃，温度超过40 ℃的时间在2 h以上，西瓜外层种皮失水而收缩，从而使种子裂开。

（3）预防措施。①在常温下浸种6～8 h，让种子吸足水分。②将种子用湿纱布或用催芽基质催芽，隔12 h左右观察纱布或基质湿度，湿度不够时补水。③催芽温度保持在28～32 ℃，湿度较大，氧气充足，有一定的黑暗时间。④催芽前，用清水冲洗掉种子表面黏液。

2.不发芽

（1）症状。种子在催芽过程中，不能正常发芽，造成浆种、烂种（图5–2）。

（2）主要原因。①选用的种子发芽能力差或是存放3年以上的陈种。②催芽温度低于15 ℃，数日后造成烂种。③催芽时温度高于40 ℃，出现烧种。④浸种时间太短，种子没有吸足水分。

图5-2　种子不发芽

（3）预防措施。①选用发芽能力强而饱满的新种子。②在春季选择晴朗无风天气，把种子摊在席子或纸上，使其在阳光下暴晒4～6 h，可促进种子后熟，增强种子的活力，提高种子发芽势和发芽率。③在常温下浸种8～10 h，让种子吸足水分。④催芽温度保持在28～32 ℃为宜，不宜低于15 ℃或高于40 ℃。

（二）出苗期常见问题

1.出苗不齐

（1）症状。播种后长时间不出苗，或出苗不整齐，幼苗大小不一（图5-3）。

图5-3　出苗不齐

（2）主要原因。①苗床温度低于16 ℃，低温烂芽。②苗床温度超过40 ℃，高温烧芽。③床土过干，使幼芽干枯，失去出苗能力。④床土湿度过大，空气缺乏，影响出苗。⑤营养土配制不合理，用了未腐熟的农家肥或过量化肥，农药用量大，导致肥害、药害，造成烂芽。⑥播种过深，超过3 cm，加上床土湿度大、温度低，氧气不足，出现烂种。⑦苗床带有病原菌，虽然催芽时种子绝大部分已经发芽，但在苗床内感染了病菌而发病死亡。

（3）预防措施。①播种前必须把营养土浇湿浇透，防止播后营养土太干；若床土过湿，应控制浇水、通风降湿或撒干土等。②育苗前做一下发芽试验，测定其发芽率和发芽势。③播前用温汤浸种、热水烫种、药剂处理、干热处理等方法对种子进行消毒，消灭种子表面的病原菌和虫卵，使种子出苗整齐。

2.带壳苗

（1）症状。幼苗出土时，连同种皮一起带出地面，种皮不脱落，夹住子叶，使子叶不能张开，妨碍了幼苗的光合作用，致使其营养不良，生长缓慢（图5-4）。

图 5-4　带壳苗

（2）主要原因。①种皮厚或种子催芽时浸泡时间过短，种皮未能充分吸水、软化，种壳难与子叶脱离。②播种后覆土过浅，种子上盖的土压不住随子叶顶起的种皮。③土壤墒情不足，干燥的土重量轻，对种壳形不成足够的压力。④温度过低，不利于种子内部酶的活动，致使幼根和胚轴的生长受阻，影响种皮脱出。

（3）预防措施。①播种时种子要平卧点播，防止带壳出苗。②播后覆盖营养土厚度1~1.5 cm，再用喷壶洒水，使覆土湿润。③种子播入苗床，覆土后撒上一些碎稻草并加盖塑料薄膜，以减少床土水分蒸发和稳定床土温度。④出现带壳出土现象时，及时喷洒细水，或薄薄撒一层潮湿的稀土，能使种皮软化，容易脱落。最终仍不能脱壳的，可采取人工摘壳。

3. 高脚苗

（1）症状。幼苗下胚轴伸长过度，茎秆细而长，植株长势弱，叶面大、叶片薄、颜色较淡；空气湿度降低时，蒸腾作用加剧；叶片就会萎蔫，其花芽形成较慢，花少且晚，往往会形成畸形果，易落花，产量低（图5-5）。

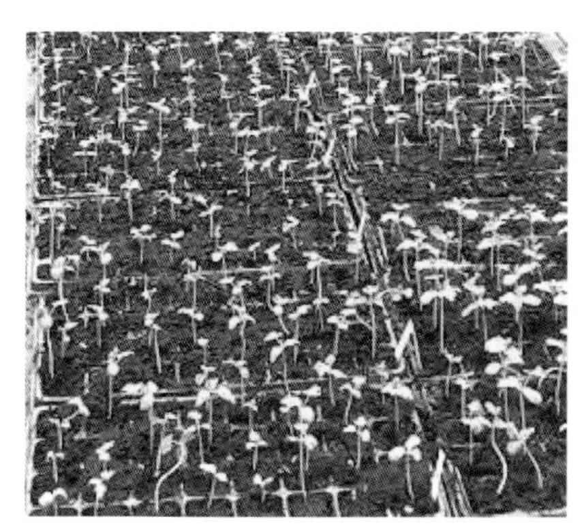

图 5-5　高脚苗

（2）主要原因。①在出苗到子叶展开时，播种过密，出苗后又未及时揭去覆盖薄膜。②出苗后，苗床温度高，造成幼苗的胚轴过度伸长。③幼苗生长后期，秧苗过度拥挤，定植不及时。④氮肥偏高，水分偏多。

（3）预防措施。①出苗前床温控制在30 ℃左右，齐苗后至第1片真叶展开前，必须严格控制床温，一般不超过25 ℃。②当80%出苗后，就揭开薄膜的通风口进行通风，定植前7~10 d加大通风量，逐渐降温蹲苗。③自养苗使用不超过72孔穴盘，嫁接苗不超过50孔穴盘。④营养土控制用氮量，注意磷钾肥用量，苗床内严格控制水分和氮肥的使用。⑤用50%矮壮素稀释2 000~3 000倍液喷施秧苗或浇在床土上，1 m^2苗床喷施1 kg药液，化学控制秧苗徒长要严格控制使用浓度和使用方法。

4.闪苗和闷苗

（1）症状。秧苗不能迅速适应温度、湿度的剧烈变化而导致猛烈失水，并造成叶缘上卷，甚至叶片干裂的现象称为“闪苗”；而升温过快、通风不及时所造成的凋萎，称为“闷苗”（图5-6）。

（2）主要原因。①闪苗是通风量急剧加大或寒风侵入苗床，温度骤然下降引起的寒害。②闷苗是连续阴雨天气，苗床低温高湿、弱光下幼苗瘦弱，抗逆性差，骤晴后苗床升温过快过高，通风不及时而造成的叶片烧伤。

图 5-6　闪苗和闷苗

（3）预防措施。①通风应从背风面开口，通风口由小到大，时间由短到长。②阴雨天气尤其是连阴天应适当揭苫，让苗子见光。③叶面喷施磷酸二氢钾、云大120（芸薹素内酯）等进行补救。

5.药害

（1）症状。施药后，幼苗叶片出现斑点、焦黄、枯萎甚至死亡的现象（图5-7）。

（2）主要原因。幼苗期耐药性较差，尤其对有机磷类农药（如毒死蜱、甲胺磷、马拉硫磷等）敏感。

图 5-7　药害

（3）预防措施。①苗期禁用有机磷类杀虫剂。②出现药害后，及时用云大120等生长调节剂，配合氨基酸类叶面肥喷洒幼苗，缓解药害。

6.气害

图5-8　气害

（1）症状。氨气中毒表现为叶肉组织变褐色，叶片边缘和叶脉间黄化，叶脉仍为绿色，后逐渐干枯。二氧化硫中毒表现为幼苗组织失绿白化，重者组织灼伤，在叶片上出现界线分明的点状或块状坏死斑（图5-8）。

（2）主要原因。①施用未经腐熟的有机肥，或一次性施入过多的铵态氮肥（如硝酸铵、硫酸铵、碳铵、磷酸二铵等），经微生物分解产生氨气，引起氨气中毒。②含硫的煤燃烧时产生二氧化硫，排烟系统密封不好，泄漏到棚室内，引起二氧化硫中毒。

（3）预防措施。①及时加强通风，排除有毒气体。②用食醋300倍液喷洒，缓解氨气中毒。③用小苏打300倍液喷洒，缓解二氧化硫中毒。

（三）幼苗期常见问题

1.徒长苗

图5-9　徒长苗

（1）症状。叶片狭长而薄，叶色浅绿，蜡粉少，茸毛稀疏；子叶窄而薄、色浅，容易脱落；下胚轴细长，幼茎细、节较长、色浅；根系不发达，侧根数量少且根较纤细（图5-9）。

（2）主要原因。①苗床底肥量过大，特别是速效氮肥用量偏大。②床土湿度长时间偏高，苗床温度长时间偏高，特别是夜温偏高。③光照不足或瓜苗间互相拥挤等。

（3）预防措施。①按育苗用营养土的配方要求配制营养土。②加强苗床的温度管理，在瓜苗出土后进行大温差育苗，防止夜温偏高，以不高于15 ℃为宜。③合理地对苗床进行浇水，并加强通风，减少湿度。④保持和增强苗床的光照。⑤对已发生徒长的瓜苗，可叶面喷洒缩节胺、多效唑等生长抑制剂来减缓瓜苗的生长速度，但应严格控制生长抑制剂的使用浓度。

2.僵化苗

（1）症状。瓜苗叶小、叶少，叶色暗绿、无光；茎细、节短，茎色暗绿；生长点瘦小，色深绿无朝气，生长缓慢；根细、根少、色暗（图5-10）。

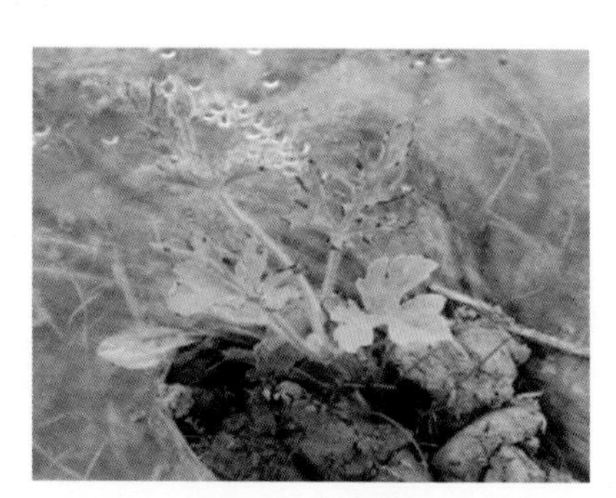

图 5-10　僵化苗

（2）主要原因。①苗床温度长期偏低。②苗床长期偏干燥。③施肥不足，缺少氮肥。④施肥过多，发生烧根。

（3）预防措施。①要用营养土育苗，保持适量的营养供应，避免营养不足和烧根。②要保持苗床适宜的温度和湿度，避免在低温或温度过高时育苗，特别不要在高温干燥时育苗。③蹲苗或炼苗的时间也不要太长，要根据当时的天气和瓜苗生长情况适度炼苗或蹲苗。④对僵化严重的瓜苗，可叶面喷洒赤霉素1 000倍液，刺激瓜苗生长点的生长。

3.黄苗弱苗

（1）症状。瓜苗生长较弱，出现叶薄、色黄绿现象，降低瓜苗质量（图5-11）。

（2）主要原因。①冬春育苗期间由于自然光照时间短，光照不足。②苗床湿度大、温度偏高、通风不足。③施肥不足，营

图 5-11　黄苗弱苗

养不良。

（3）预防措施。①要保持苗床足够的光照。②要加大昼夜温差，防止夜温过高。③要加强苗床的通风，降低苗床内的空气湿度，刺激根系的吸收活动，增加营养供应。④交替喷洒0.2%的尿素液、磷酸、氢二钾液和1%糖液，每5～7 d喷1次。⑤向苗床内补充二氧化碳气体，每天日出30 min后开始补气，每次补气2 h左右，使苗床内的二氧化碳气体浓度保持在0.08%～0.1%。

4.自封顶苗

（1）症状。幼苗生长点退化，不能正常抽生新叶；较轻的表现为丛生状，严重的常常只有2片子叶。有的虽能形成1~2片真叶，但叶片萎缩，没有生长点，或生长点硬化、停止生长，成为自封顶苗（图5–12）。

图 5–12　自封顶苗

（2）主要原因。①3年以上的陈种子播种，无生长点的瓜苗多。②刚出土的瓜苗，生长点较幼嫩，叶面喷药、追肥浓度偏高或喷洒量大极易“烧掉”生长点。③幼苗遇到不良天气时，造成苗床温度过低，易受到冻害，生长点往往会被冻死而缺失；幼苗遇到晴朗天气时，午后太阳直射苗床，使畦内温度过高，尤其在苗床湿度较小的情况下，生长点易灼烧。④嫁接时接穗苗龄小，苗床温度过低，或幼苗的生长点凝结过冷水珠，造成生长点冻害。⑤幼苗出土后遭受烟蓟马等害虫为害，能锉吸西瓜心叶、嫩芽的汁液，造成生长点停止生长。

（3）预防措施。①苗床及时浇水保湿，在晴天的中午及时通风，降低棚室和苗床温度，保持白天25 ℃左右，夜间15 ~ 18 ℃，同时要注意避免幼嫩的小苗突然见到强烈的光照。②嫁接时用子叶完全展开的接穗苗。③使用新种子，适度放风，加强保温等。④发现症状及时喷洒赤霉素调节瓜苗新陈代谢，提高瓜苗生理活性，促进生长点正常发育。

5. 沤根、烧根

（1）症状。根系停止生长，主根、侧根变成铁锈色，严重时根系表皮腐烂不发生新根，地上部轻者心叶发黄，重者幼苗萎蔫；或根系发黄，不发新根，地上生长缓慢，植株矮小脆硬，形成小老苗（图5-13）。

图 5-13　沤根、烧根

（2）主要原因。①连续阴雨天、苗床温度低、床土湿度大。②施用未腐熟有机肥或化肥用量过大。③苗床土壤干燥。

（3）预防措施。①当90%植株的第1片真叶展出后，提高苗床温度到25~27 ℃，若气温低于16 ℃要用灯光或电热线加温。②叶展开后，根据床土湿度情况及时补充水分，保持床土湿润。③发生沤根时立即停止喷水，床面撒些细干土或煤灰、草木灰等吸水，使床土温度尽快升高。④发现烧根时及时喷水，提高床土湿度，定植前5~7 d停止喷水，进行蹲苗。

6. 叶片白化

（1）症状。子叶、真叶的边缘失绿，幼苗停止生长，严重时子叶、真叶、生长点枯死（图5-14）。

图 5-14 叶片白化

（2）主要原因。①苗期通风不当。②温度急剧下降。

（3）预防措施。①适时播种。②改进苗床的保温措施，白天温度为20 ℃，夜间不低于15℃。③早晨通风不宜过早，通风量应逐步增加。④避免苗床温度急剧降低。

7.生长缓慢

（1）症状。定植后幼苗不生长或生长缓慢（图5-15）。

图 5-15 生长缓慢

（2）主要原因。①营养不良，或苗龄过长，在苗床上即已成为僵苗，定植后因根系老化，吸收能力差，导致缓苗困难。②定植时间过早，土壤温度低，影响根系生长，特别是土质黏重时极易出现这种现象。③苗期喷洒激素类农药过量，或喷洒含有激素类的叶面肥过量也会导致植株不生长。④处于棚室边缘的瓜苗生长缓慢可能是受低温影响或光照不足。⑤局部区域出现生长缓慢，可能是土壤质地黏重、地势低洼或肥料不足。

（3）预防措施。①定植之前对秧苗进行筛选，选择白根数量多、苗龄适当、叶片肥大、叶色浓绿的健壮秧苗。②嫁接苗还要对接口愈合情况进行检查，不选用愈合不好的嫁接苗。③定植早要有较好的保温措施，不进行大水漫灌，采取先洇地后定植、按穴点水的方式，以利于提高地温。④采用偏施肥、喷施生长激素等方法对弱苗进行特殊管理，促使植株生长整齐。⑤土质黏重的地块要勤中耕，疏松植株附近的土壤，增强土壤的透气性，提高地温。

8. 根部开裂

（1）症状。西瓜苗长得太快，根部上头裂开，裂开的地方维管束没有断开，对瓜苗生长影响不大（图5–16）。

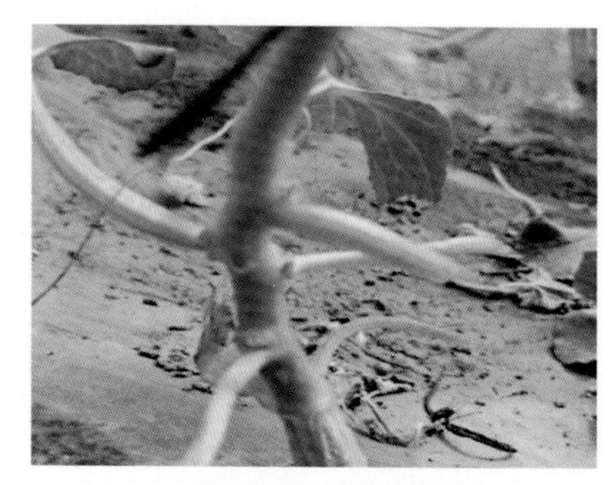

图 5–16　根部开裂

（2）主要原因。①苗正缺水的情况下突然放大水，瓜苗容易裂开。②温度和水是相辅相成的，水越大，温度越高，越容易裂开。

（3）预防措施。①瓜苗不浇太大的水，小水洗灌。②避免温度过高，温差太大。③白天气温保持在25～28 ℃，晚上17～18 ℃，不超过20 ℃。

（四）伸蔓期常见问题

1.瓜蔓顶端变色

（1）症状。瓜蔓顶端变黄色或黑色（图5–17）。

（2）主要原因。①瓜蔓顶端变黄多为害虫为害。②顶端变黑多为冻害或肥害。

图 5–17　瓜蔓顶端变色

（3）预防措施。①加强水分管理，保持土壤湿度，特别是夏秋栽培，要保证有充足的水分，同时做到旱能灌、涝能排。②合理施肥，做到大量元素与微量元素配合施用，保持土壤养分平衡。③保护地栽培遇到连续阴雨低温后突然转晴时，瓜苗萎蔫，不可立即揭膜，可采用适当遮阴的方法减弱光照和降温，待膜内瓜苗恢复正常，再逐渐通风。④做好病虫防治工作。

2.矮化、缩叶、黄叶

（1）症状。地上部植株矮化、缩叶、黄叶，甚至枯萎而死（图5-18）。

图 5-18　西瓜缩叶

（2）主要原因。①瓜田长时间干旱缺水，或者较长时间土壤过湿、排水不良使根系发育受阻。②土壤中钙、镁、硼等元素缺乏。③施肥不当产生肥害或除草剂药害，或施用激素不当产生药害。

（3）预防措施。①加强水分管理，保持土壤湿润，特别是夏秋栽培，要保证有充足水分，做到旱能灌，涝能排。②合理施肥，做到大量元素与微量元素配合施用，均衡营养，提升西瓜抗病抗逆能力。③合理使用农药与生长调节剂，防止产生药害。④发生药害或肥害，及时喷施萘乙酸或爱多收。

3. 叶片出现黄金边

图 5-19　叶片黄金边

（1）症状。叶片边缘干枯，或者叶片边缘及叶脉中间发黄，叶片很脆（图5–19）。

（2）主要原因。①用药浓度过大，药液在叶片边缘积聚灼伤叶缘，或者浓度过大造成药害，叶脉中间发黄。②中午高温用药，水分短期内蒸发过快，药剂浓度相对加大；温度高，叶片气孔张大，容易吸收药剂，造成药害。③浇水、用肥不合理及地温过高，造成根系受伤或生长受到抑制，叶片生长不良。④在低温天气，放风突然或阴后突晴及长时间连阴天，都会造成叶片生长不良。

（3）预防措施。①合理用药，避免随意加大药量。②高温季节用药要避开高温时间段，在早上9时之前、下午4时之后用药。③合理浇水与施肥，避免根系损伤。

4.粗蔓裂藤

（1）症状。瓜蔓变脆，易折断发生纵裂，溢出少许黄褐色汁液，生长受到阻碍（图5–20）。

图 5-20　粗蔓裂藤

（2）主要原因。肥水浇施不合理，温度、湿度不稳定，通风差，土壤内缺乏中微量元素，生长过旺。

（3）预防措施。①加强通风，控制温度、湿度，适时通风透光。②坐瓜前合理控制水分。③用硼肥+磷酸二氢钾1 000倍液叶面喷雾，促进西瓜植株生长。

5.高温烫伤

（1）症状。叶片叶绿素减少，出现褪绿发白、卷曲，严重时会导致植株干枯死亡；植株生长迟缓、出现倒藤（图5–21）。

图 5–21　高温烫伤

（2）主要原因。①根系发育差、新叶过于幼嫩、通风不及时。②导致棚内持续高温高湿、光照强烈，造成叶片蒸腾过盛。

（3）预防措施。①加强通风，在高温天气及时降温除湿。②当棚内温度过高时喷洒冷水，临时降温。③合理用肥，促进西瓜植株根系生长，提高抗逆性。④植株烫伤后，用0.004%烯腺·羟烯腺1 000倍液进行叶面喷施，加速植株叶片的愈合与再生。

6.花小，茎细弱

（1）症状。茎细弱，节间长，叶片薄而软，叶色淡绿或发黄，结实花瘦小，近圆球形（图5–22）。

图 5–22　花小，茎细弱

（2）主要原因。①光照不良，有机养分供应不足。②夜温偏高，土壤、空气湿度大。

（3）预防措施。①加强整枝，改善光照，增加透风。②降低夜温。

7.叶缘溢出水珠

（1）症状。清晨叶片边缘有水滴存在，这种现象称为“吐水”，容易引发其他病害的发生（图5-23）。

图 5-23　叶片吐水

（2）主要原因。①土壤水分太多。②空气湿度过大。③下午合风口时，棚内温度过高。

（3）预防措施。①节制灌水次数，减少灌水量。②加强通风换气，降低叶幕层空气湿度。③尽量待气温下降到25 ℃时再合风口，以避免夜间棚温过高和湿度过大。

8.茎蔓扁平

（1）症状。甜瓜蔓开始生长正常，慢慢变扁宽状，会多头丛生（图5-24）。

图 5-24　茎蔓扁平

（2）主要原因。①植株缺锌。②种植3年以上的陈种子。③生长期棚内温度过低。

（3）预防措施。①避免使用陈种子。②生长期适当叶面补施锌肥。③保持适宜温度，避免温度过低。

（五）开花结果期常见问题

1. 急性凋萎

（1）症状。初期中午地上部萎蔫，傍晚时尚能恢复，经3～4 d反复以后枯死，根颈部略膨大。与枯萎病的区别在于根茎维管束不发生褐变。多发生在坐果前后（图5-25）。

（2）主要原因。①与砧木种类有关，葫芦砧木发生较多，南瓜砧木很少发生，根系吸收的水分不能及时补充叶面的蒸腾失水。②整枝过度，抑制了根系的生长，加剧了吸水与蒸腾的矛盾，导致凋萎。③光照弱会加剧急性凋萎病的发生。

（3）预防措施。①选择适宜的砧木，加强栽培管理，增强根系的吸收能力。②雨后及时排水，严禁大水漫灌，及时中耕，保持土壤通透性良好。③在晴天，湿度低、风大，蒸发量也大时要增加浇水量。④采用涝浇园法，即雨后天晴时，要马上浇水，以降低地温和近地面温度，浇水时应打开排水口，使水经瓜田流过迅速再排出去，浇水后及时中耕，保持土温正常。

图 5-25　急性凋萎

2. 叶片白枯

（1）症状。基部叶片、叶柄的表面硬化，叶片易折断，茸毛变白、硬化、易断，叶片黄化为网纹状，叶肉黄化褐变，呈不规则、表面凹凸不平的白色斑，白化叶仅留绿色的叶脉和叶柄，多生于开花前后，果实膨大期加剧（图5-26）。

图 5-26　叶片白枯

（2）主要原因。①植株体内细胞分裂素类的物质活性降低。②过度摘除侧枝，降低了根系的功能。

（3）预防措施。①适当整枝，整枝应控制在第10节以下。②从始花期起1周喷1次1 500倍甲基托布津。

3.雄花花粉少

（1）症状。植株有雄花开放，但花粉量少、花粉不易散开；即使花粉能散开，但花粉活力低，采用这些低活力花粉授粉，往往授粉受精不良（图5–27）。

图 5–27　雄花花粉少

（2）发生原因。①早春阴雨、寡照时，棚内湿度大，雄花开放时花药湿润，花粉不易散开，或花粉吸湿破裂。②棚内干燥，尤其是刮西北风天气，花粉能散开，但活力往往比较低。③温度过高或过低，不利于花粉管萌发和伸长，造成受精不良。

（3）预防措施。①采用多膜覆盖，提高夜温。②棚内湿度大时，及时打开南端棚膜，降低棚内湿度。③提前采集雄花，采集次日将开放的雄花摊放在室内，置于25～28 ℃环境下过夜，让其干燥、开放。④利用低温真空保存的花粉授粉，可于下午采集当天开放的新鲜雄花，在室温25 ℃下摊晾、干燥2 h。剪下雄蕊，过筛，装袋，真空，封口，将包装后的花粉在4 ℃下预冷1 h，再放入–25～–20 ℃的冰柜或冰箱内保存。

4.雄花多雌花少

（1）症状。植株的雌、雄花比例发生变化，植株上开的花以雄花为主，少见雌花，雌、雄花比例为1：（5～10），并且第1雌花着生节位趋向主蔓第10节以上（图5–28）。

图 5–28　花型比例失调

（2）发生原因。①随着苗期温度的提高，尤其是夜温，有利于雄花发育，雄花数增加，雌花着生节位提高。②当苗床相对湿度大于80%，雄花分化增加，雌花分化受阻。

（3）预防措施。①控制苗期温度、湿度，保持苗床相对湿度在80%以下。②进行大温差（10 ℃以上）育苗，即白天以较高温度促进生长，但不要超过30 ℃；夜间以较低温度促进雌花分化，但不能低于15 ℃。

5.西瓜出现两性花

（1）症状。①雄蕊和雌蕊都正常发育，其柱头与单性雌花相似，子房较单性雌花大，发育正常；雄蕊与单性雄花相似或更加强壮，能在开花当日散粉，两性花子房较大，授粉后容易坐果。坐果后子房膨大迅速，单瓜大，果皮较厚，并且花蒂疤痕较大。②雌蕊正常发育，雄蕊萎缩变小的雌全两性花，其柱头与正常单性雌花相似或较强壮，子房发育正常；雄蕊萎缩变小，开花当日不能散粉或散粉较少，多数在开花次日才开始散粉，此类两性花授粉后容易坐果。③雄蕊超常发育、雌蕊萎缩变小的雄全花两性花，其雄蕊较正常单性雄花的雄蕊强壮，能在开花当日散粉，柱头萎缩变小，子房多为畸形，不易坐瓜或坐畸形瓜（图5–29）。

图 5–29　西瓜两性花

（2）主要原因。①育苗期间低温弱光或昼夜温差小。②生长期间遇到高温、强光的环境。③温度较低时，易出现雌全两性花。④植株生长旺盛，易出现雄蕊和雌蕊两性花。

（3）预防措施。①加强苗床温度管理，育苗期棚内夜温低于16 ℃时启用锅炉或空气加热器加温，进行大温差（10 ℃以上）育苗。②在光照不足的情况下及时用植物生长灯补光3～6 h，增加苗床的光照。③伸蔓期棚温不低于20 ℃，及时通风。④在植株生长旺盛、茎蔓粗壮、叶片肥大、叶色浓绿的情况下，不施肥浇水。

6.坐瓜难

图5-30　坐瓜难

（1）症状。出现坐瓜难、畸形果多的问题，使产量和商品性降低（图5-30）。

（2）主要原因。①低温寡照和有机营养不足，导致花芽分化不良，多数雌花不授粉而成为畸形花。②瓜柄细长，达不到与主蔓基本相同的粗度就会化瓜。③光照强度严重不足。④浇水和施用氮肥次数过多，植株徒长，营养生长过剩，造成大量幼果化瓜的现象。

（3）预防措施。①在保温良好的情况下，光照强度会严重不足，尽量增加光照时间和光照强度。②适当喷施硼、钙、锌铁叶面肥。③开花坐果期，减少浇水和氮肥的施用。④可喷施爱多收或助壮素，喷施1～2次，控制植株旺长。⑤当发现瓜田植株生长过旺呈徒长现象，可以将主蔓离根部留5～10片叶剪断，利用侧蔓结瓜。⑥雌花现蕾后，瓜前留2片叶掐去顶尖，除去多余侧蔓，使养分集中供给雌花发育。⑦在瓜前1节，轻轻把茎捏扁，削弱尖端优势，使养分集中供应幼瓜。

（六）果实膨大期常见问题

1.畸形果

（1）症状。主要有扁形果、尖嘴果、葫芦形果、偏头畸形果等。扁形果是果实扁圆，果皮增厚，一般圆形品种发生较多。尖嘴果多发生在长果型的品种上，果实尖端渐尖。葫芦形果表现为先端较大而果柄部位较小。偏头畸形果表现为果实发育不平衡，一侧生长正常，而另一侧生长停顿（图5-31）。

（2）主要原因。①扁形果是低节位雌花所结的果，果实膨大期气温较低。②尖嘴果是由于果实发育期的营养和水分供应不足，坐果

图 5-31　畸形果

节位较远时发生。③偏头畸形果是由于授粉不均匀。④受低温影响形成的畸形花所结的果实，亦会形成畸形。

（3）预防措施。加强肥水管理，控制坐果部位，选留子房端正的幼果，摘除畸形幼果。

2.裂果

（1）症状。田间裂果是在静态下果皮爆裂，采收裂果是在采收、运输的过程中果皮爆裂（图5–32）。

（2）主要原因。①在果实发育中突然遇雨或大量浇水，土壤水分急增，果实迅速膨大造成裂果，一般在花痕部位首先开裂。②果实发育初期温度低，发育缓慢，以后迅速膨大也易引起裂果。③坐果灵使用浓度过大。④采收振动而引起裂果，果皮薄、质脆的品种容易裂果。

（3）预防措施。①选择不易开裂的品种。②采用棚栽防雨及合理的肥水管理措施，增施钾肥提高果皮韧性。③尽量减少果实的振动等。④合理使用坐果灵，温度高时，可适当降低浓度；温度低时，应适当加大浓度。

图 5-32 裂果

3.日烧果

（1）症状。果面组织灼烧坏死，形成干疤（图5-33）。

图 5-33 日烧果

（2）主要原因。①烈日暴晒引起的日烧与品种有关。②与植株生长状况有关，藤叶少、果实暴露时间长的容易发生。

（3）预防措施。①前期

增施氮肥，促进茎枝叶生长。②果面盖草也可防晒。

4.脐腐果

（1）症状。在果脐部收缢、干腐，形成局部褐色斑，果实其他部分无异常（图5-34）。

图5-34 脐腐果

（2）病因：与植株缺钙、土壤干旱有关，有时土壤不一定缺钙，但供水不足也会影响植株对钙的吸收。

（3）预防措施。①适时浇水，促进根系对硼的吸收，进而提高对钙的吸收。②叶面喷施钙肥。

5.空洞果

（1）症状。瓜瓤出现开裂，并形成缝隙空洞（图5-35）。

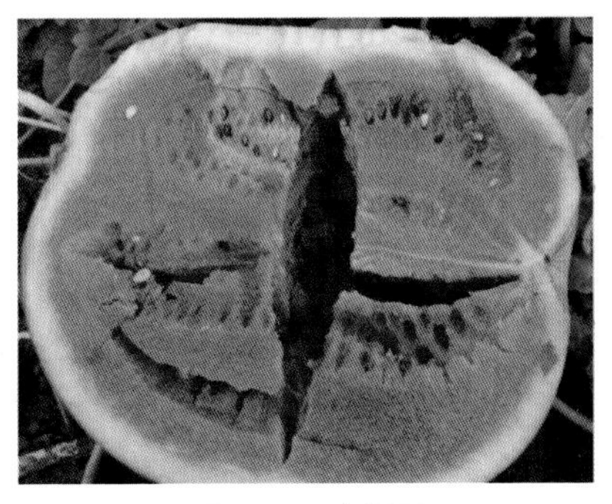

图5-35 空洞果

（2）主要原因。①与大果型品种本身有关。②低温条件下坐果，氮肥过多引起旺长的情况下坐果，果皮和瓜瓤生长速度不一致。

（3）预防措施。①坐果期气温保持白天25～35 ℃，夜晚18～20 ℃，在低温或干旱条件下，适当推迟坐果节位。②及时整枝，防止跑藤，摘除多余的侧蔓。③瓜鸡蛋大小时进行疏果。

6.肉质恶变果

（1）症状。发育成熟的果实虽在外观上正常无异，剖开时发现果肉呈紫红色、浸润状，果肉变硬、半透明，可闻到一股酒味（图5-36）。

（2）主要原因。①土壤水分骤变降低根系的活性。②叶片生长受阻，加上高温，使果实内产生乙烯，引起呼吸异常，导致果肉劣变。③植株感染黄瓜绿斑花叶病毒也会发生果肉恶变。

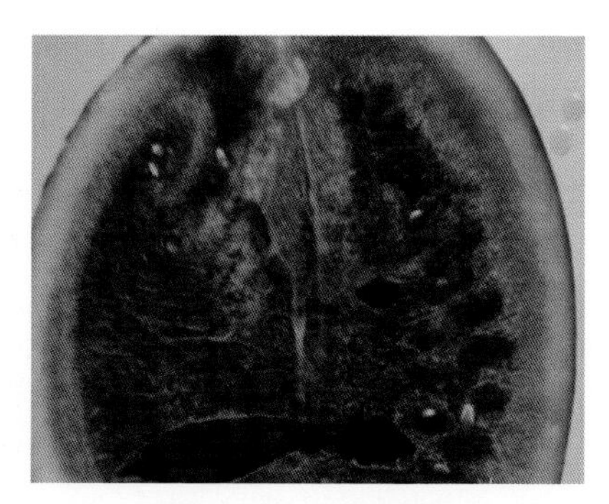

图 5-36　肉质恶变果

（3）预防措施。①深沟高畦加强排水，保持适宜的土壤水分。②深翻瓜地，多施农家肥料，保持通气良好。③适当整枝，避免整枝过度抑制根系的生长。④当叶面积不足或果实裸露时，应盖草遮阴。⑤防止病毒传播，切断病毒传播途径。

7.“黄筋果”

（1）症状。将西瓜纵向切开，从顶端花痕部到果柄部的维管束成为发达的纤维质带，通常多为白色，严重时呈黄色，成为“黄筋果”。果实糖度低、口感差，失去商品价值（图5-37）。

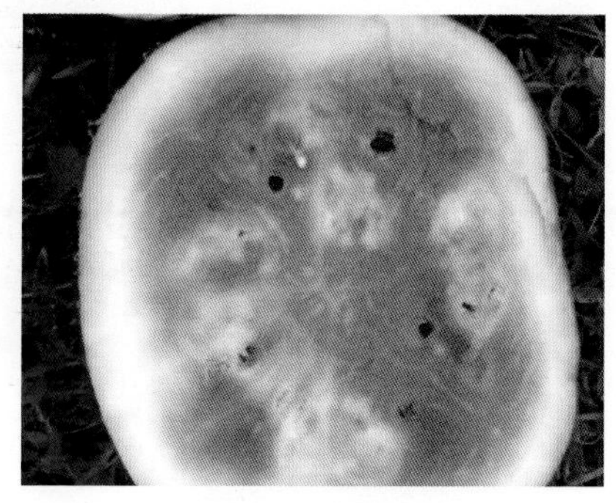

图 5-37　“黄筋果”

（2）主要原因。①钙的缺乏是西瓜成熟后期纤维物质不能消退而形成黄带。②氮肥施用过多，植株长势过旺，会阻碍养分向果实输送，瓜瓤内的维管束和纤维不能随着果实正常成熟而消退。③果实发育后期遇到连续低温天气或光照不良时，植株的正常生长受到影响，果实营养的吸收受阻。④砧木本身的抗逆性较差或砧木同接穗的亲和力不好，则极易导致果实成熟过程中水肥运输不畅，果实得不到必需的营养物质而产生“黄筋果”，其中部分南瓜砧木易出现这种情况。⑤高温、干燥，植株结瓜过多，钙、硼的吸收受到阻碍时，“黄筋果”就显著增多。

（3）预防措施。①科学施肥。②合理整枝，及时整枝以保护好植株功能叶，确保其充分进行光合作用，制造充足的光合产物，以保证果实生长期的营养需求。③协调植株的营养生长和结果，保证果实得到充足的同化物质和水分。④从幼苗开始给予充足的光照，确保好的花芽。⑤开花前出现粗蔓，可摘除蔓心，破坏其长势。⑥用地膜覆盖地面并适时浇水，减少土壤水分蒸发，防止土壤干燥，促进根系对钙、硼的吸收。⑦嫁接栽培要选择嫁接亲和力好、抗逆性强的砧木。⑧防止叶片卷缩、老化，否则同化作用降低，果实会受到阳光暴晒。

8. 甜瓜变苦

（1）症状。甜瓜外观正常，但肉质变苦，多发生于薄皮甜瓜（图5-38）。

图 5-38　苦味瓜

（2）主要原因。①甜瓜生长期遇高温和干旱，苗的根部吸收水分的功能减弱，导致其生长缓慢，不容易吸收水分和养分，瓜体中就累积了大量的苦味素。②遇上长时间的阴雨天气，糖分含量低，很多苦味素不能转化，味道带苦。③速效性氮肥施用过量，造成硝酸铵含量过大。④大瓜龄苗移栽时伤根严重。⑤甜瓜不能自然成熟，用化学物质催熟，引起外皮上大量的苦味素积累。⑥在甜瓜的成熟时期农药残留过多也会使果肉呈苦味。⑦坐果灵浓度使用过大，造成激素在果实内残留时间过长。

（3）预防措施。①保护地栽培时保持薄膜洁净，尽量争取获得较大透光率，使土壤积累更多的热能。②放行减株，适当稀植，注意整枝、绑蔓、摘心，全面改善田间光照条件。③晴天白天温度应控制在26~28 ℃，夜间温度应控制在10~12 ℃。遇到异常天气，要及时采取补救措施。③要多施有机肥，忌过多施用氮肥。合理浇水，保持土壤有足够的水分，阴雨天不易浇水，宜在晴天早晨浇水。④不要留根瓜，坐瓜节位也不能离根部太远。⑤在定植时和田间管理期间，不要伤根或尽量减少伤根。⑥用坐瓜灵时，其施用浓度与环境温度有关，温度高浓度应适当降低；温度低于15 ℃不宜施用。施用坐瓜灵后，一定要等甜瓜完全成熟后再采收，使苦味素充分转化。

9.阴阳皮瓜

（1）症状。同一个西瓜瓜皮的颜色一部分较深，一部分较浅，形成“阴阳脸”或着色不匀，黄色果皮西瓜品种多有发生（图5-39）。

图5-39 果皮着色不匀

（2）主要原因。①一面向阳，一面被稻草铺盖。②瓜皮颜色控制，基因呈显性时出现。③两种瓜花粉混合。④在生长过程中发生基因突变造成的，与瓜的两侧接受阳光照射的时间长短不同有关。

（3）预防措施。①及时翻瓜，尽量使瓜受光均匀。②尽量不使用两种或两种以上花粉混合授粉。

10.肚脐瓜

（1）症状。果实花痕大并膨大凸出的果实（图5-40）。

（2）主要原因。①与品种特性有关，果肉薄、花痕大的品种较易出现肚脐瓜。②开花较迟的雌花，花痕比较大，易产生肚脐瓜。③

植株生长旺盛，多肥、高温等因素肚脐瓜产生较多。

（3）预防措施。①选用优良品种。②适当控制肥水。

图 5-40　肚脐瓜

11.果型不一致

（1）症状。同一植株在不同生长期结的果实形状会有一定的差别。

（2）主要原因。瓜形是反映品种种性的主要特征，果实膨大期所需的综合因素适时、适量、均衡，膨大后的果型才能代表该品种的果实特征。一般来说，早期结的瓜要扁一些，晚期结的瓜要长或高一些。

（3）预防措施。①肥水管理要合理。②保留合理的功能叶片。③注意选择适宜的坐果节位。

12.瓜大小不一致

（1）症状。同一植株在不同生长期结的果实大小和形状会有一定的差别（图 5-41）。

图 5-41　瓜大小不一致

（2）主要原因。①植株生长过于衰弱。②放任生长，植株坐果太多，养分分散。③植株营养生长过旺，高节位结的果实，造成瓜小。④坐果少，而肥水又充足，在此情况下，出现超大果。

（3）预防措施。①在栽培管理方面，前期应促进正常生长，不能让苗势衰弱，也不能出现“疯长”，如植株生长过弱，可采取摘除幼果，促进营养生长；营养生长过旺时，应控制肥水，同时喷多效唑。②合理整枝和尽量控制好坐果节位。③控制好坐果数量。

13.成熟甜瓜着色差

（1）症状。有些黄白、黄绿品种的甜瓜，其幼瓜是绿色，随着糖分积累，逐渐成熟后转变成固有色泽，有时转色差，造成商品性降低（图5–42）。

图 5–42　甜瓜果皮着色不匀

（2）主要原因。①留瓜节位过低，整枝过度，造成功能叶片太少，养分供应不足，植株早衰。②空气过于干燥或湿度过大。③病虫害发生较重。

（3）预防措施。①在爬地栽培中，主蔓产生的第一个子蔓要摘除。②坐果后期控制氮肥用量，不宜独施氮肥。

（七）营养元素缺乏问题

1. 缺氮

（1）症状。叶色由翠绿色褪至浅绿色、黄绿色，老叶干枯，新生叶少而小，叶面不能扩展，瓜蔓顶端露尖乏力，植株早衰，基部叶片开始发黄，逐步新叶发展（图5–43）。

图 5–43　西瓜叶片缺氮

（2）主要原因。土壤瘠薄、氮肥施用量不足。

（3）预防措施。①苗期缺氮，每株20 g左右；伸蔓期缺氮，每亩9～15 kg；结瓜期缺氮，每亩15 kg左右，或每亩用人粪尿

400～500 kg兑水浇施。②用0.3%～0.5%尿素溶液（苗期取下限，坐果前后取上限）叶面喷施。

2.缺磷

（1）症状。植株矮小，顶部叶浓绿色，下叶呈紫色，老叶首先凋谢干枯脱落，长势缓慢，叶小、果小推迟成熟，果肉中往往出现黄色纤维和硬块，甜度下降，种子不饱满（图5-44）。

图 5-44　西瓜叶片缺磷

（2）主要原因。土壤磷素不足或受拮抗作用抑制了对磷素的吸收。

（3）预防措施。①每亩用过磷酸钙15～30 kg开沟追施。②用0.4%～0.5%过磷酸钙浸出液叶面喷施。同时，调整土壤水分和温度，促进根系发育，提高植株吸肥能力。

3.缺钾

（1）症状。叶片自下而上叶缘首先发黄，向内侧扩展，变色部分与绿色部分对比清晰，然后逐渐焦灼，严重的整个叶片枯萎，坐果率很低，已坐的瓜个头也小，含糖量不高（图5-45）。

图 5-45　西瓜叶片缺钾

（2）主要原因。①在盛果期不注意补钾肥，导致钾元素供应不足。②石灰性肥料使用过多，影响植株对钾的吸收。③温度低，日照不充分，对钾的吸收造成影响。④沙质土壤，灌水过大，造成钾元素随水流失。

（3）预防措施。①施用化肥时，氮、磷、钾肥要合理搭配，防止氮肥施用过多。②坐果后应结合浇水追肥1次，每亩施复合肥15 kg、硫酸钾10 kg。③采用叶面追肥的方法，用0.1%的磷酸二氢钾水溶液喷施茎叶效果更好。

4.缺钙

（1）症状。瓜蔓生长较缓，植株较矮，节间较短，组织柔软，雌花不充实，幼叶叶缘发黄并向外侧卷曲，呈降落伞状，老叶仍保持绿色，植株顶部一部分变褐而死，茎蔓停止生长，果实还易滋生脐腐病（图5-46）。

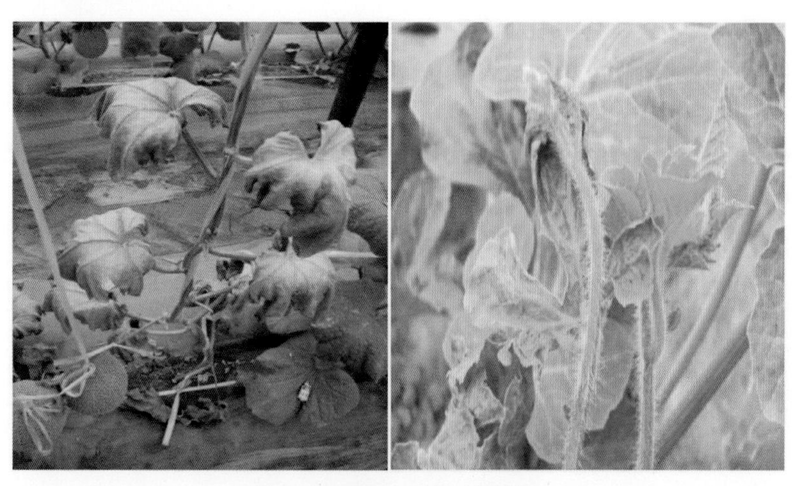

图 5-46　西瓜、甜瓜叶片缺钙

（2）主要原因。①偏施氮肥，氮钙比例失调；偏施钾肥，钙钾拮抗导致缺钙；偏施磷肥，降低土壤pH值也会导致缺钙。②土壤性质不好，根系感染病菌或缺少其他根系需要的营养等，都会导致根系发育不良，吸收钙的能力也就会下降，进而造成缺钙。③低温阴雨之后天气突然放晴，气温快速提升导致蒸腾加剧，对钙的需求增加，但土壤温度没有气温回升得快，根系的吸收能力没有恢复，不能吸收到足量的钙离子。

（3）预防措施。①遇长期干旱天气时，适时浇水，促进西瓜根系对硼素的吸收，进而提高对钙的吸收。②增施石膏粉或含钙肥料，如过磷酸钙溶液叶面喷施。

5.缺铁

（1）症状。首先在植株顶端的嫩叶上表现症状，幼叶叶片呈淡黄色，但叶脉仍为绿色，随着叶片的增大老化，整个叶片都会失绿，并逐渐脱落，严重缺铁，叶脉绿色变淡或消失，整个叶片呈黄色或黄白色（图5-47）。

图 5-47　西瓜、甜瓜叶片缺铁

（2）主要原因。①土壤pH值对土壤铁元素的有效性影响很大，当pH值大于6.0时，铁元素的有效性随着土壤pH值升高逐渐下降。②高重碳酸盐土壤，或土壤排水不良、湿度过大、温度过高或过低、存在真菌或线虫为害等，使石灰性土壤中游离碳酸钙溶解产生大量HCO_3^-。③土壤含有较多金属离子，如锰、铜、锌等，均能与铁离子产生拮抗。④高磷含量土壤，或磷肥使用过量也会诱发缺铁症状。⑤积水沤根、土壤温度过高伤根、地温低根系发育不良、土壤板结影响根系生长等都会影响对铁元素的吸收。

（3）预防措施。①增施有机肥，活化土壤中的铁离子，促进植株对铁元素的吸收。②改良土壤，碱性土壤施用酸性肥料，也可施用螯合铁等铁剂改良土壤。③避免磷和铜、锰、锌等重金属过剩。④田间出现缺铁症状时，可叶面喷洒0.1%～0.2%硫酸亚铁溶液。

6.缺镁

（1）症状。果实膨大时，近旁的老叶叶脉间首先黄化失绿，尤以叶尖显著，但叶脉仍保持绿色，在生长后期，除叶脉残留绿色外，叶脉间均变黄，严重时黄化部分变褐色，落叶，植株发育不足，果实小、品质差（图5–48）。

图 5-48　西瓜、甜瓜叶片缺镁

（2）主要原因。①土壤中镁元素供应不足。②灌水过量，钾肥施用过多。③土壤酸性，并连续使用酸性肥料。

（3）预防措施。①在基肥中，每亩施硼镁肥6 ~ 8 kg可预防缺镁症状。②对已发生缺镁症状可立即用0.1% ~ 0.15%硫酸镁叶面喷洒，防止心叶黄化。

7.缺锌

（1）症状。茎蔓条纤细，节间短，新梢丛生，生长受到抑制；多出现在中、下位叶，而上位叶一般不发生黄化；叶小丛生状，新叶上发生黄色斑，渐向叶缘发展，全叶黄化，向叶背翻卷叶尖和叶缘并逐渐焦枯；开花少，坐果难等不良现象（图5–49）。

（2）主要原因。①由于早春气温低，土壤冷凉，各种微生物活动慢，土壤养分没有充分溶解，作物的根系弱小，吸收能力差。②土壤中的锌有50% ~ 60%被土壤中的有机质固定，形成难溶的锌。③过量施用磷肥，引起无机磷在植物体内与锌结合而形成沉淀于叶脉中，造成植物缺锌。④土壤连年施用除草剂类有机农药，积累毒害等不良环境因素。

（3）预防措施。①在基肥中，亩施硫酸亚锌1 ~ 2 kg可防止发生

图 5-49　西瓜、甜瓜叶片缺锌

缺锌症。②如已发生缺锌症，应及时喷洒0.1%～0.2%硫酸锌水溶液。③叶面喷施0.2%硫酸锌+0.1%熟石灰，连喷2～3次。

8. 缺硼

（1）症状。新叶不伸展，叶面凸凹不平，叶色不匀；新蔓节间变短，蔓梢向上直立，且新蔓上有横向裂纹，脆而易断。断面呈褐色，严重时生长点死亡，停止生长，有时蔓梢上分泌红褐色膏状物；常造成花发育不全，果实畸形或不能正常结果（图5-50）。

图 5-50　西瓜、甜瓜叶片缺硼

（2）主要原因。①土壤质地粗、有机质贫乏的沙砾质土壤、大量使用生石灰的土壤等，引起土壤有效硼供应不足。②土壤干旱会抑制硼的移动，使作物吸收受到抑制；土壤过湿时导致硼元素的缺失。③氮肥、钾肥施用过多，对硼有拮抗作用。

（3）预防措施。①适时浇水，提高土壤可溶性硼含量，以利于植株吸收。②定植前，亩施硼砂1.5～2 kg，可有效防止缺硼症的发生。③缺硼时，及时喷洒0.2%硼砂或硼酸水溶液。

9.缺锰

（1）症状。首先新叶脉间发黄，主脉仍为绿色，使叶片产生明显的网纹状，以后逐渐蔓延至成熟老叶；较重时，主脉也变黄。长期严重缺锰，致使全叶变黄；种子发育不充分，果实易畸形（图5–51）。

图 5–51　西瓜叶片缺锰

（2）主要原因。①土壤锰含量低，造成锰缺乏。②当土壤pH值为5.0～6.5，锰形成可溶性物质，容易被根吸收；土壤是中性或碱性，锰形成不可溶的物质，不能被植物根吸收利用。③土壤黏重，含氧量低，根系生长受阻。

（3）预防措施。①播前用0.05%～0.1%硫酸锰溶液浸种12 h或结合整地做畦，每亩施硫酸锰1～4 kg与有机肥混匀作基肥。②若发现缺锰及时用0.06%～0.1%硫酸锰溶液根外追施。

10.缺铜

（1）症状。瓜蔓的生长点停滞延伸，叶绿素减少，叶片出现失绿现象，幼叶的叶尖因缺绿而黄化并干枯，最后叶片脱落，繁殖器官的发育受到破坏（图5–52）。

（2）主要原因。①泥炭土、沼泽土及腐殖土含有丰富的有机质，对铜有强烈的吸附作用，降低铜的有效性。②土壤干旱缺水，会使有机质分解慢，诱发缺铜。

图 5-52　甜瓜叶片缺铜

（3）预防措施：在整地、播种时施铜肥，还可与钾、磷、氮肥混合用，硫酸铜水溶性好，成本低，效果也好，常用剂量8 ~ 14 kg/hm^2，但因它腐蚀性强，易产生药害，很少叶面施用；铜渣宜在酸性土壤中施用，常用剂量5 ~ 10 kg/hm^2，植株明显缺铜时，也可叶面施肥；王铜是叶面施用的铜肥，用量0.55 ~ 1.15 kg/hm^2。